"十二五"职业教育国家规划教材

经全国职业教育教材审定委员会审定

程序设计基础

——Visual Basic 6.0 案例教程

第3版

主　编　刘宝山　乌兰图雅

副主编　夏玉芹　刘晓博

参　编　马占飞　杨树英　郭子荣　康大维

U0255875

机械工业出版社

CHINA MACHINE PRESS

本书是"十二五"职业教育国家规划教材，是根据《教育部关于"十二五"职业教育教材建设的若干意见》及教育部新颁布的《高等职业学校专业教学标准（试行）》，同时参考计算机专业职业资格标准，在第 2 版的基础上修订而成的。本书共 11 个模块，内容包括 Visual Basic 面向对象编程的基础，Visual Basic 的常用控件的编程，Visual Basic 的数据库应用，Visual Basic 程序的编译和打包。每个模块以若干个"任务"为导引，展开"任务情境"描述、"任务分析"理解、"任务实施"设计、"知识提炼"归纳。每个模块后还设计有"模块小结"，对技术要点进行归纳和总结；设计有"实战强化"，为学生提供有针对性的任务进行模仿练习，从而巩固提高所学技能。本书内容实用，融入了"软件工程"的思想，从任务的提出、分析到实施，有意识地使用"软件工程"的分析、设计、编码、维护的方法，培养学生的软件设计素养。

　　为便于教学，本书配套有电子教案和程序源代码等教学资源，选择本书作为教材的教师可来电（010-88379194）索取，或登录 www.cmpedu.com 网站，注册、免费下载。

　　本书可作为高等职业院校计算机应用及相关专业教材，也适合于对 Visual Basic 编程感兴趣的读者和 Visual Basic 程序设计的初学者使用。

图书在版编目（CIP）数据

程序设计基础：Visual Basic 6.0 案例教程/刘宝山，乌兰图雅主编. —3版. —北京：机械工业出版社，2014.10（2024.1重印）

"十二五"职业教育国家规划教材

ISBN 978-7-111-49313-6

Ⅰ. ①程… Ⅱ. ①刘… ②乌… Ⅲ. ①BASIC 语言—程序设计—高等职业教育—教材 Ⅳ. ①TP312

中国版本图书馆 CIP 数据核字（2015）第 026909 号

机械工业出版社（北京市百万庄大街22号 邮政编码100037）
策划编辑：梁　伟　责任编辑：李绍坤
责任校对：郝　绵　封面设计：马精明
责任印制：单爱军
北京虎彩文化传播有限公司印刷
2024 年 1 月第 3 版第 7 次印刷
184mm×260mm · 14.75 印张 · 356 千字
标准书号：ISBN 978-7-111-49313-6
定价：49.00元

电话服务　　　　　　　　　网络服务
客服电话：010-88361066　　机 工 官 网：www.cmpbook.com
　　　　　010-88379833　　机 工 官 博：weibo.com/cmp1952
　　　　　010-68326294　　金 书 网：www.golden-book.com
封底无防伪标均为盗版　　机工教育服务网：www.cmpedu.com

前　言

本书是按照教育部《关于开展"十二五"职业教育国家规划教材选题立项工作的通知》，经过出版社初评、申报，由教育部专家组评审确定的"十二五"职业教育国家规划教材，是根据《教育部关于"十二五"职业教育教材建设的若干意见》及教育部新颁布的《高等职业学校专业教学标准（试行）》，同时参考计算机专业职业资格标准，在第2版的基础上修订而成的。

全书共11个模块，模块1～模块3介绍了Visual Basic面向对象编程的基础，主要介绍了程序设计的基本概念，程序设计的基本语句，程序结构，函数，过程以及面向对象程序设计的基本概念：对象、属性、事件和方法；模块4～模块7介绍了Visual Basic的常用控件的编程，介绍了常用控件，对话框控件，图形图像处理控件和文件处理控件的使用以及实例；模块8～模块10介绍了Visual Basic的数据库应用，是本书的重点，通过一个学生信息系统实例的实现，完整地介绍了基于Visual Basic信息系统的设计与编程；模块11介绍了Visual Basic程序的编译和打包。

本书编写过程中力求体现职业教育的特色。教材通过"任务驱动"模式，引导学生：分析理解任务——达成任务目标——实战强化。通过引入真实的工作案例，给学生营造一种真实的思考问题、解决问题的过程，学生在完成任务的全过程中能真正提高计算机编程实践能力。教材充分利用Visual Basic 6.0的可视化设计和事件驱动的编程机制的特点，在"任务实施"中详细介绍达成任务目标的步骤，在"知识提炼"中对所需知识点和程序设计方法进行归纳和总结，使得学生可以在"实战强化"中举一反三，探究Visual Basic 6.0中控件的各种属性，自主地学习属性设置和事件响应编程。利用Visual Basic 6.0支持多种数据库系统的访问的特点，通过介绍Visual Basic 6.0丰富的数据访问控件，简化数据库访问的过程，降低了数据库编程的难度，提高学生处理实际问题的能力，同时提高了学习的积极性。

本书涉及理论、概念等一类知识内容时，注重穿插学习方法和编程技能的介绍和讲解，结合高职高专计算机相关专业学生的特点，注重知识内容的实用性和综合性，删减书中较刻板的理论知识点，将更多内容重点放在实用设计方法、设计技能以及编程过程的阐述上。

本书在内容处理上主要有以下几点说明：

（1）"任务驱动"。每个模块以若干个"任务"为导引，首先在"工作领域"介绍本模块"任务"的背景和知识体系，提出本模块"任务"要达到的"技能目标"，然后在每一个"任务"中，展开"任务情境"描述，需求分析，进行"任务分析"理解，根据需求完成详细设计，"任务实施"设计，手把手带领学生完成"任务"的工程编码。

（2）"知识提炼"。对于与本任务相关的理论性较强的知识点以及扩展的知识内容，含有相对较难或应用较少的属性和方法，在"知识提炼"中进行归纳和理论提高，集中讲解，既满足了不同层次的学生不同学习的需要，也使本教材的知识结构层次感分明，主次清晰。每个模块后还设计有"模块小结"，对技术要点进行归纳和总结。

（3）加强实训。设计有"实战强化"，提供学生有针对性的任务进行模仿设计，对所学技能进行巩固提高，通过"日积月累"掌握一些程序设计的常用技巧和常识。

（4）融入"软件工程"的思想。从任务的提出、分析到实施，有意识地使用"软件工程"的分析、设计、编码、维护的方法，培养学生的软件设计素养。

全书共 11 个模块，由包头师范学院刘宝山、乌兰图雅主编。具体分工如下：刘宝山编写模块 1～模块 3，乌兰图雅编写模块 4、模块 8、模块 9，夏玉芹编写模块 5～模块 7，马占飞编写模块 10、模块 11，核工业计算机应用研究所刘晓博、包头铁路工程技术学院郭子荣、包头服务管理职业学校杨树英和包头派司网络有限责任公司康大维编写书中"实战强化"并审阅了书稿。

编写过程中，编者参阅了国内外出版的有关教材和资料，同时得到了使用该教材院校专业教师的有益建议和中肯批评，在此一并表示衷心感谢！本书经全国职业教育教材审定委员会审定，教育部专家在评审过程中对本书提出了宝贵的建议，在此对他们表示衷心的感谢！

由于编者水平有限，书中不妥之处在所难免，恳请读者批评指正。

编　　者

目　录

模块 1 概　　述

Visual Basic 特点

Visual Basic 综合运用了 Basic 语言和新的可视化设计工具。它通过图形对象（包括窗体、控件、菜单等）来设计应用程序。图形对象的建立和使用都十分简单，只需要为数不多的几行程序就可以控制这些图形对象。

Visual Basic 是采用事件驱动编程机制的计算机编程语言之一。事件驱动是一种适用于 GUI（Graphical User Interface，图形用户界面）的编程方式。传统的编程是面向过程、按规定顺序进行的，程序设计人员总是要关心什么时候发生什么事情。对于现代的计算机应用软件来说，必须根据用户的需求安排程序的执行，而这实际上就是事件驱动程序所要解决的问题。

用事件驱动方式设计程序时，程序员不必给出按精确次序执行的每个步骤，只是编写响应用户动作的程序。例如，选择命令、移动鼠标、用鼠标单击某个图标等。与传统的面向过程的语言不同，在用 Visual Basic 设计应用程序时，要编写的不是大量的程序代码，而是由若干个微小程序组成的应用程序，这些微小程序都由用户启动的事件来激发，从而大大降低了编程的难度和工作量，提高了程序的开发效率。

Visual Basic 的主要特点有：

① 可视化编程。
② 事件驱动的编程机制。
③ 面向对象的设计方法。
④ 结构化的程序设计语言。
⑤ 强大的数据库管理功能。
⑥ 友好的帮助系统。

工作领域

Visual Basic 是一种可视化的、面向对象和驱动方式的结构化高级程序设计语言，可用于开发 Windows 操作系统环境下的各类应用程序。Visual Basic 的 IDE（Integrated Development Environment，集成开发环境）是开发 Visual Basic 应用程序的开发设计平台，熟练掌握 Visual Basic 集成开发环境是开发应用程序的基础。

技能目标

通过本模块内容的学习和实践，读者能够掌握 Visual Basic 开发环境的常用工具；初步掌握创建 Visual Basic 应用程序的步骤并能够创建简单的 Visual Basic 应用程序。

任务 1 "欢迎进入 Visual Basic 世界！"

通过创建一个简单的 Visual Basic 应用程序，介绍 Visual Basic 集成开发环境中的工程资源管理器、窗体设计器、工具箱和属性窗口的使用方法。

任务情境

Visual Basic 集成开发环境主要包括工程资源管理器、窗体设计器、工具箱和属性窗口，熟练地使用 Visual Basic 集成开发环境是开发 Visual Basic 应用程序的基础。本任务通过创建一个简单的 Visual Basic 应用程序，介绍 Visual Basic 集成开发环境。

创建 Visual Basic 应用程序有 3 个主要步骤。

① 创建应用程序界面。

② 设置属性。

③ 编写代码。

为了说明这一实现过程，这里创建一个简单应用程序。该应用程序由一个文本框和一个命令按钮组成，单击命令按钮，文本框中会出现"欢迎进入 Visual Basic 世界！"消息，如图 1-1 所示。

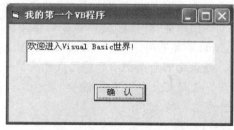

图 1-1　第一个 Visual Basic 程序

任务分析

完成一个 Visual Basic 应用程序的设计，首先分析问题，确定程序要完成什么任务，然后按下面的步骤创建应用程序。

① 新建工程。创建一个应用程序首先要打开一个新的工程。

② 建立可视用户界面，添加控件。

③ 设置窗体和控件的属性。

④ 编写事件驱动代码。

⑤ 保存文件。

⑥ 程序运行与调试。再次保存修改后的程序。

⑦ 将程序编译成可执行文件（扩展名为 .exe）。

其中步骤②～④是创建应用程序的主要步骤，这些步骤都是在 Visual Basic 的集成开发环境中进行的。本任务的重点就是通过创建一个简单的 Visual Basic 应用程序，认识 Visual Basic 集成开发环境，掌握 Visual Basic 集成开发环境的使用方法，同时学习创建 Visual Basic 应用程序的一般步骤。

任务实施

1．新建工程

从"开始"菜单启动 Visual Basic 6.0，如图 1-2 所示。

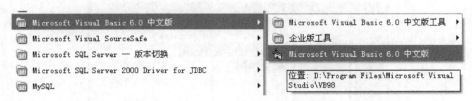

图 1-2 Microsoft Visual Basic 6.0 中文版启动选项

启动 Visual Basic 6.0 后，在默认情况下，会弹出"新建工程"对话框，如图 1-3 所示。

图 1-3 "新建工程"对话框

选择"标准 EXE"后，单击"打开"按钮，即可创建一个新的 Visual Basic 工程，并进入 Visual Basic 集成开发环境，如图 1-4 所示。

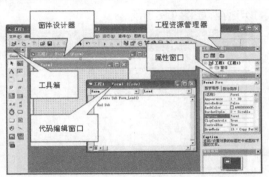

图 1-4 Visual Basic 集成开发环境

2．创建应用程序界面

创建 Visual Basic 应用程序的第 1 步是创建窗体，这些窗体是应用程序界面的基础。第 2 步是在创建的窗体上添加构成界面对象的控件。对于第一个应用程序，需要使用工具箱中的两个控件：按钮和文本框。

（1）用工具箱绘制控件

1）单击要绘制的控件工具。这里是"文本框"。

2）将指针移到窗体上，该指针变成"十"字形，如图 1-5 所示。

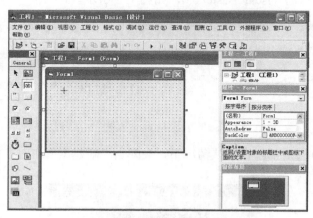

图 1-5　用工具箱绘制文本框

3）将"十"字形指针放在要放置控件位置的左上角所在处。

4）按住鼠标左键，拖动"十"字形指针画出大小合适的方框。

5）松开鼠标左键，控件出现在窗体上。

在窗体上添加控件的另一个简单方法是双击工具箱中的"控件"按钮。这样会在窗体中央创建一个尺寸为默认值的控件，然后再将该控件移到窗体中的其他位置。

（2）调整控件大小、移动和锁定控件　当选中控件时，出现在控件四周的小矩形框称作尺寸句柄，下一步可用这些尺寸句柄调节控件的大小，也可用鼠标、键盘和菜单命令移动控件、锁定和解锁控件位置或调节控件位置。

调整控件的大小，请按照以下步骤执行。

1）在要调整大小的控件上单击鼠标。

2）此控件上出现尺寸句柄，如图 1-6 所示。

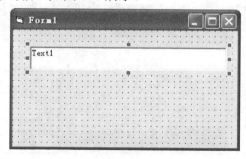

图 1-6　选中控件后，在控件四周出现尺寸句柄

3）将鼠标指针定位到尺寸句柄上，拖动该尺寸句柄直到控件达到所希望的大小为止。拖动角上的尺寸句柄可以调整控件水平和垂直方向的大小，而拖动四周的尺寸句柄可以调整控件一个方向的大小。

4）松开鼠标左键。

也可以用 <Shift> 键加方向键调整选定控件的大小。

要移动控件，请用鼠标把窗体上的控件拖动到一个新位置。

要精确定位，可以在选定控件后，用 <Ctrl> 键加方向键，每次将控件移动一个网格单元。如果该网格关闭，则控件每次移动一个像素。

要锁定所有控件的位置，请从"格式"菜单选择"锁定控件"命令。之后，窗体的控件处在"锁定"状态，不能被移动。本操作只锁住选定窗体上的全部控件，不影响其他窗体上的控件。这是一个切换命令，再次选择此命令则可以解锁控件位置。要调节锁定控件的位置，请按住 <Ctrl> 键，再用合适的方向键可"微调"已获焦点的控件的位置。

通过以上步骤，在窗体上分别添加文本框和命令按钮，完成了"欢迎进入 Visual Basic 世界！"应用程序的界面，如图 1-7 所示。

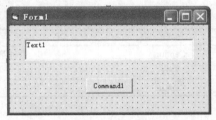

图 1-7　应用程序的界面

3. 设置窗体和控件的属性

此步是为创建的对象设置属性。属性窗口给出了设置所有的窗体对象属性的简便方法。在"视图"菜单中选择"属性窗口"命令，单击工具栏上的"属性窗口"按钮或在控件对象上单击鼠标右键，在弹出的快捷菜单中，可以打开属性窗口，如图 1-8 所示。

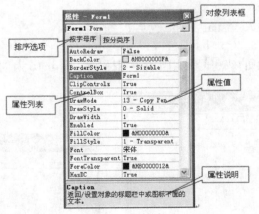

图 1-8　属性窗口

属性窗口包含如下元素。

对象列表框：显示可设置属性的对象名。单击对象列表框右边的下拉列表按钮，显示当前窗体的对象列表。

排序选项：从按字母顺序排列的属性列表中进行选取，或从按逻辑（如与外观、字体或位置有关的）分类页的层次结构视图中进行选取。

属性列表：左列显示所选对象的全部属性，右列可以编辑和查看属性值。

属性说明：对选中的属性概念、作用进行说明。

要在属性窗口中设置属性，请按照以下步骤执行。

1）从"视图"菜单中，选择"属性"命令，或在工具栏中单击"属性"按钮。属性窗口显示所选窗体或控件的属性设置值。

2）从属性列表中，选择属性名。

3）在属性值列中输入或选择新的属性值。

列举的属性有预定义的属性值清单。单击设置框右边的下拉列表按钮，可以显示这个清单，或者双击列表项，可以循环显示此清单。

以"欢迎进入 Visual Basic 世界！"为例，现在要改变3种属性的属性值，其他属性采用默认值，见表1-1。

表1-1 在属性窗口中设置属性

对　象	属 性 名 称	属 性 值
窗体	Caption	我的第一个 Visual Basic 程序
文本框	Text	空
按钮	Caption	确认

4．编写事件驱动代码

代码编辑器窗口是编写应用程序的 Visual Basic 代码的地方。代码由语句、常数和声明部分组成。使用代码编辑器窗口，可以快速查看和编辑应用程序代码的任何部分。

双击要编写代码的窗体或控件就可以打开代码窗口，或在"工程管理器"窗口中，在选定窗体或模块的名称上单击鼠标右键，在弹出的快捷菜单中选择"查看代码"命令。图1-9显示了在双击命令按钮控件后出现的代码编辑器窗口，窗口中有命令按钮的单击事件。在该单击事件中添加如下代码。

Text1. Text=" 欢迎进入 Visual Basic 世界！ "

>> **注意** ｜ 代码中的双引号使用半角的双引号。图1-10为创建好的应用程序界面。

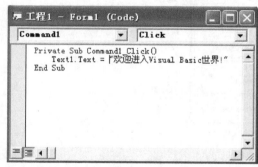

图1-9 代码编辑器窗口

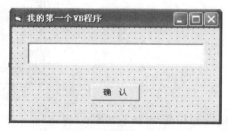

图1-10 创建好的应用程序界面

5．保存应用程序

选择"文件"菜单中的"保存工程"命令，即可对 Visual Basic 应用程序的文件进行保存。对于简单的应用程序，一般保存的是窗体文件和工程文件，文件的扩展名分别是"．frm"和"．vbp"，第一次保存时，系统会弹出"保存"对话框，以便对保存文件的位置和文件名进行选择和修改。

6．运行应用程序

为了运行应用程序，可以从"运行"菜单中选择"启动"命令，也可以单击工具栏中的"启动"按钮，或按 <F5> 键。运行时单击窗体上的"确认"按钮，文本框中就会显示"欢迎进入 Visual Basic 世界！"

关于应用程序的调试和编译将在后续内容中进行介绍。

知识提炼

Visual Basic 的主要特点

Visual Basic 是一种可视化的、面向对象和驱动方式的结构化高级程序设计语言，可用于开发 Windows 操作系统环境下的各类应用程序。

（1）可视化编程　Visual Basic 提供了可视化设计工具，把 Windows 应用程序界面设计的复杂性"封装"起来，开发人员不必为界面设计而编写大量的程序代码。只需要按设计要求的屏幕布局，用系统提供的工具，在屏幕上"画"出各种"部件"，即图形对象，并设置这些图形对象的属性。Visual Basic 自动产生界面设计代码，程序设计人员只需要编写实现程序功能的那部分代码，从而可以大大提高程序设计的效率。

（2）面向对象程序设计　Visual Basic 应用 OOP（Object Oriented Programming，面向对象程序设计）方法，把程序和数据封装起来作为一个对象，并为每个对象赋予应有的属性，使对象成为实在的东西。在设计对象时，不必编写建立和描述每个对象的程序代码，而是用可视化方式显示在界面上，自动生成对象的程序代码并封装起来。

（3）结构化程序设计语言

（4）事件驱动编程机制　Visual Basic 通过事件来执行对象的操作。一个对象可能会产生多个事件，每个事件都可以通过一段程序来响应。例如，命令按钮是一个对象，当用户单击该按钮时，将产生一个"单击"（Click）事件，而在产生该事件时将执行一段程序，用来实现指定的操作。在用 Visual Basic 设计大型应用软件时，不必建立具有明显开始和结束的程序，而是编写若干个微小的子程序，即过程。这些过程分别面向不同的对象，由用户操作引发某个事件来驱动完成某种特定的功能，或者由事件驱动程序调用通用过程来执行指定的操作，这样可以方便编程人员，提高效率。

（5）访问数据库　Visual Basic 系统具有很强的数据库管理功能。利用数据控件和数据库管理窗口，可以直接建立或处理 Microsoft Access 格式的数据库，并提供了强大的数据存储和检索功能。同时，Visual Basic 还能直接编辑和访问其他外部数据库，如 Btrieve、 dBASE、FoxPro、Paradox 等，这些数据库都可以用 Visual Basic 编辑和处理。

Visual Basic 提供开放式数据连接（Open Database Connectivity），即 ODBC 功能，可通过直接访问或建立连接的方式使用并操作后台大型网络数据库，如 SQL Server、Oracle 等。在应用程序中，可以使用结构化查询语言 SQL 数据标准，直接访问服务器上的数据库，并提供了简单的面向对象的库操作指令和多用户数据库访问的加锁机制和网络数据库的 SQL 的编程技术，为单机上运行的数据库提供了 SQL 网络接口，以便在分布式环境中快速而有效地实现客户/服务器（Client/Server）方案。

对创建应用程序主要步骤的再说明

1）新建工程。新建工程，就是新建一个窗体，用户界面由对象即窗体和控件组成。所有的控件都放在窗体上，每个窗体最多可容纳 255 个控件。程序中的所有信息都要通过窗体显示出来，应用程序中要用到哪些控件，就在窗体上建立相应的控件。程序运行后，将在屏幕上显示由窗体和控件组成的用户界面。

要建立新的窗体，可选择"工程"→"添加窗体"命令。

2）设计应用程序界面。在窗体上按应用程序要求将控件调整到适当大小，放置到相应的位置上。

3）设置窗体和控件的属性。在设计时设置窗体和控件的属性，是通过"属性窗口"进行的。

为了使界面设计清晰而有条理，通常在设计前将界面中所需要的对象及其属性画成一个表，然后按照这个表来设计界面。

另外，窗体的大小及每个控件的位置、大小属性均可根据需要任意调整，同时可改变标题及输出字体的属性。

4）编写事件驱动代码。Visual Basic 应用程序采用事件驱动编程机制，因此，大部分程序都是针对窗体中各个控件所能支持的方法或事件编写的，这样的程序称为事件处理过程。每个事件对应一个事件处理过程。

为了指明某个对象的操作，必须在方法或属性前加上对象名，中间用句点（.）隔开，例如，Text1. Text。如果不指出对象名，则针对当前窗体进行操作。

在输入完一行代码并按 <Enter> 键后，Visual Basic 应用程序能自动进行语法检查。如果语句正确，则自动以不同的颜色显示代码的不同部分，并在运算符后加上空格。

语法检查等功能可通过代码编辑器的选项来设置。执行"工具"→"选项"→"编辑器"命令，在弹出的对话框中进行设置即可。

5）保存工程。Visual Basic 应用程序结构如下：

工程文件（.vbp）：包含了一个应用程序的所有文件，由若干个窗体和模块组成。

窗体文件（.frm）：控件及属性、事件过程和自定义过程。

标准模块文件（.bas）：包含不与具体的窗体或控件相关联的代码，如全局变量声明、自定义函数或子程序过程。

类模块的文件（.cls）：可以看成是没有界面的控件，每个类模块定义了一个类，可以在窗体模块中定义类的对象，调用类模块中的过程。

资源文件（.res）。

ActiveX 控件的文件（.ocx）。

保存文件的步骤如下：

① 保存窗体文件。

② 保存标准模块文件。

③ 保存类模块文件。

④ 保存工程文件。

也可执行"文件"→"工程另存为"命令，直接保存工程文件。此时会自动将与该工程相关的各类文件一起保存。

当要打开程序时，只需打开工程文件，就可以自动把与该工程有关的其他文件装入内存，可执行"文件"→"打开工程"命令。

6）程序的运行和调试。

① 解释运行：解释运行需要操作系统有 Visual Basic 环境，应用程序不能独立运行。当程序装入内存后，可通过执行"运行"→"启动"命令来实现。如果想退出程序，则可以单击"结束程序"按钮。

② 生成可执行文件：要使程序能在 Windows 操作环境下独立运行，必须建立可执行文件，即 .EXE 文件。执行"文件"→"生成 .EXE"命令，输入文件名后确定即可。

7）应用程序运行的操作序列。

① 启动应用程序，加载和显示窗体。

② 窗体或窗体上的控件接收事件，事件可由用户引发，也可由系统引发，还可以通过代码间接引发。

③ 如果相应的事件过程中存在代码，则执行该代码。

④ 应用程序等待下一次事件。

任务 2 学习使用 Visual Basic 帮助系统

MSDN Library 是 Visual Studio 6.0 的帮助系统，是学习 Visual Basic 和使用 Visual Basic 进行程序设计的重要参考资料。

任务情境

首先启动 Visual Basic 6.0，新建一个工程。按 <F1> 键，弹出 MSDN 窗口。从 MSDN 窗口的左边"目录"选项卡中，按照如图 1-11 所示的路径选择"CommandButton 控件"。右边是用户查询的结果，图 1-11 所示的内容是对命令按钮对象的详细描述，涉及控件对象的语法说明、属性、方法和事件的链接。

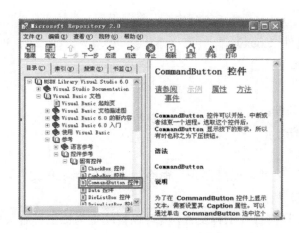

图 1-11 "CommandButton 控件"

1）阅读"CommandButton 控件"的说明。按照说明设置 CommandButton 控件的 Default 和 Cancel 属性，验证 <Enter> 键和 <Esc> 键的作用。

2）单击"属性"链接，MSDN 窗口右边就是对选中对象属性的描述。选中"MousePointer"属性，阅读该属性的语法，了解属性的设置值。新建一个工程，运行属性"MousePointer"的"示例"代码，单击窗体，观察鼠标指针的形状。

3）仿照上一步，单击"方法"链接，阅读并理解 Move 方法的语法和说明；单击"事件"链接，阅读 Click 事件的语法和说明。创建一个工程，在窗体上添加一个命令按钮控件，在代码窗口的 Form_Click () 事件中添加调用 Button 控件 Move 方法的代码，按 <F5> 键运行应用程序，单击窗体，观察命令按钮的移动。

4）将上一步窗体中的命令按钮移除，但保留代码，然后按 <F5> 键运行应用程序。这时系统会弹出一个实时错误提示对话框，如图 1-12 所示。按 <F1> 键，打开 MSDN 窗口，了解关于程序的实时错误的类型和解决实时错误的方法。

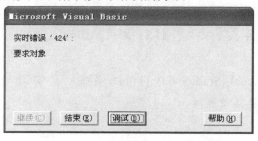

图 1-12 实时错误提示对话框

5）在如图 1-13 所示的 Visual Basic 安装路径下，有许多 Visual Basic 示例。打开文件夹 Picclip 中的 Redtop.vbp 工程，按 <F5> 键，运行该程序，并阅读"infoform.frm"窗体的代码。

图 1-13 Visual Basic 示例的路径

任务分析

MSDN 技术资源库是为使用微软工具、产品和技术的开发人员提供的精华资源。它包含丰富的技术编程信息，包括示例代码、文档、技术文章和参考指南。学习 Visual Basic 6.0 程序设计，重在实践。在编程学习的实践中，可能遇到各种各样的难题和疑惑，MSDN 技术资源库就是答疑解惑的好帮手、好工具。学习和使用 MSDN 技术资源库的途径有：

1）在 Visual Basic 的集成开发环境中，按 <F1> 键，打开 MSDN 窗口，通过"目录"或"搜索"选项卡，查询所需的信息。

2）在"窗体设计器"中选择要了解的对象，或在"代码编辑窗口"中将光标置于要了解的关键字、方法名、函数名、属性名等字符串之上，然后按 <F1> 键，通过上下文打开 MSDN 窗口，查询所需的信息。

3）在运行时，出现实时错误提示对话框后，按 <F1> 键，打开 MSDN 窗口，了解关于程序的实时错误的类型和解决实时错误的方法。

也可以通过进入 MSDN 主页（中国 - 简体中文）网站，寻求在线帮助。

任务实施

1）新建一个工程。

2）按 <F1> 键，打开 MSDN。按照图 1-14 所示的路径打开"CommandButton 控件"的主题，如图 1-15 所示。

① 阅读图 1-15 所示的"CommandButton 控件"的说明。

图 1-14　"CommandButton 控件"　　　　　　图 1-15　"CommandButton 控件"的说明

打开本模块任务 1 的工程，按照说明设置 CommandButton 控件的 Default 和 Cancel 属性，验证 <Enter> 键和 <Esc> 键的作用。

② 单击"属性"链接，MSDN 窗口右边就是对选中对象属性的描述。如果属性主题有多个，则会弹出一个对话框由用户选择需要查询的主题。图 1-16 所示的就是命令按钮控件的属性主题，选中"MousePointer 属性"，阅读该属性的语法，了解属性的设置值，如图 1-17 所示。

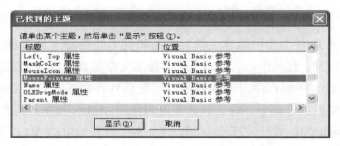

图 1-16　命令按钮控件的属性主题

图 1-17　命令按钮控件的属性 MousePointer 的设置值

阅读并理解属性 MousePointer 的示例代码，新建一个工程，在代码窗口添加如下代码，按 <F5> 键运行应用程序，单击窗体，观察鼠标指针的形状。

```
Private Sub Form_Click ()
Dim I                                        '声明变量。
                                             '将鼠标指针改变为沙漏标。
Screen. MousePointer = vbHourglass
                                             '设置随机的颜色和在窗体上画圆。
For I = 0 To ScaleWidth Step 50
    ForeColor = RGB (Rnd * 255, Rnd * 255, Rnd * 255)
    Circle (I, ScaleHeight * Rnd), 400
    Next
End Sub
```

③ 仿照上一步，单击"方法"链接，阅读并理解 Move 方法的语法和说明；单击"事件"链接，阅读 Click 事件的语法和说明。创建一个工程，在窗体上添加一个命令按钮控件，在代码窗口添加如下代码，按 <F5> 键运行应用程序，单击窗体，观察命令按钮的移动，如图 1-18 所示。

```
Private Sub Form_Click ()
    Command1. Move Command1. Left + 150, Command1. Top + 100
End Sub
```

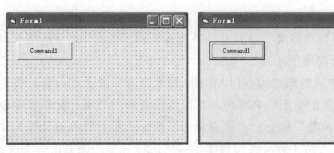

图 1-18　设计时的窗体和运行效果

④ 将上一步窗体中的命令按钮移除，但保留代码，然后按 <F5> 键运行应用程序。这时系统会弹出一个如图 1-12 所示的实时错误提示对话框。提示错误类型为 "424"，提示信息为 "需要对象"。按 <F1> 键，打开如图 1-19 所示的 MSDN 窗口，了解关于程序的实时错误的类型和解决实时错误的方法。

⑤ 选择 "文件" → "打开工程" 命令，从 \Program Files\Microsoft Visual Studio\MSDN98\ 98VS\2052\SAMPLES\VB98\Picclip 位置打开工程 "RedTop.vbp"。然后从 "工程资源管理器" 打开 "infoform" 窗体，如图 1-20 所示。按 <F5> 键运行程序，单击 "信息" 按钮，运行 "infoform" 窗体程序，图 1-21 为 "infoform" 窗体的运行效果。然后结束 "infoform" 窗体程序的运行，打开代码窗口阅读理解 "infoform" 窗体的代码。

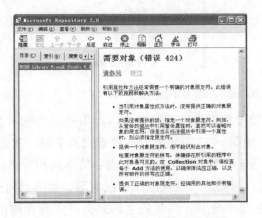

图 1-19　"需要对象" 实时错误主题

图 1-20　打开 RedTop.vbp 工程

图 1-21　"infoform" 窗体运行效果

知识提炼

MSDN 技术资源库有"目录""索引""搜索"和"书签"4 个选项卡，给用户提供了多种使用 MSDN 技术资源库的手段。

1）"目录"选项卡以树形结构列出 MSDN 技术资源库的全部内容。查询方法主要以浏览为主，当知道查询主题的范围和名称时，可以提高查询的效率。初学者主要学习理解其中"参考"分类的"语言参考"部分。"语言参考"部分按照主题的属性分为 9 个分类，如图1-22 所示。其中每一分类的主题又按照首字母排序进行分类。如果需要查询 Caption 属性，则查询的路径是"参考"→"语言参考"→"属性"→"C"→"Caption 属性"。"参考"分类中的"控件参考"属于"对象"分类的子集，单独列出有助于加快查询速度。

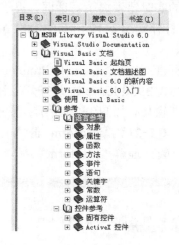

图 1-22　MSDN 技术资源库的"语言参考"部分

2）"索引"选项卡通过索引表查找相关内容，用户只要输入查询的关键字，相关的内容就会出现在索引表中，如图 1-23 所示。双击要查询的主题，就会打开主题界面。

3）"搜索"选项卡用于查找出现在任何主题中的单词和短语，包括主题的标题，它是查询的一个重要手段。用户只要输入查询的单词或短语，单击"列出主题"按钮，下面的列表框就会列出查询到的主题，给出查询到的主题总数，主题在树形目录中的位置，按照查询单词在主题中出现的次数排序，如图 1-24 所示。双击要查询的主题，就会打开主题界面，在主题界面里，查询单词会高亮显示。

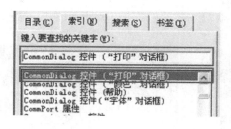

图 1-23　"索引"选项卡

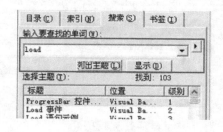

图 1-24　"搜索"选项卡

4）"书签"选项卡是创建书签的列表。"书签"是一个定位标记，方便用户对常用的、重要的或访问过的主题进行标记，以便以后快速查询。"书签"在使用前需要定义。

MSDN 技术资源库的使用方法除了直接打开之外，还可以在程序设计时，用"帮助"的办法使用 MSDN 技术资源库。在程序设计时，用户可以在窗体设计器中选中需要了解的控件对象，按 <F1> 键，在弹出 MSDN 技术资源库的同时，主题界面会显示与该控件对象相关的主题；或者在代码编辑窗口，将光标放在需要了解的关键字、方法名、函数名上面，按 <F1> 键，也会显示与该单词相关的主题。在运行程序时，弹出实时错误提示对话框时，按 <F1> 键，获取关于"实时错误"的帮助。

MSDN 技术资源库的"语言参考"主题分为 9 个大类，包括"对象""属性""函数""方法""事件""语句""关键字""常数"和"运算符"。

1）"对象"主题包括系统对象和控件对象两类，主题里面有对象的说明和一些主题链接。当打开链接时，如果多于一个主题，则会弹出主题对话框，供用户选择。对象的"属性""方法"和"事件"等主题链接是全面学习对象的主要资料，通过对象的"示例"主题链接，可以更好地理解对象的使用。如果某个对象没有某些链接，则该链接显示为不可用状态。

2）"属性"主题主要包括语法说明、"示例"链接和"应用于"链接。"应用于"链接会链接到包含该属性的对象主题上。有些属性可能是许多对象都具有的属性，如"Caption"属性，这样的属性在打开"应用于"链接时，也会弹出主题对话框。

3）"方法"和"函数"主题都包含语法和功能的说明，是编程的重要助手和参考资料。二者的主要区别之一是方法和对象相关联，函数（内部函数）是公用的功能模块，与对象无关。

4）"事件"主题包括事件的语法、触发的说明，特别是事件触发是应用事件机制进行编程的关键。事件也是和对象相关联的。

其他主题，用户可以在应用中逐步了解和掌握，这里不再赘述。

日积月累 源代码控制对话框

在打开或关闭 Visual Basic 工程时，有时会弹出一个如图 1-25 所示的"Source Code Control"对话框，即"源代码控制"对话框。这说明读者的计算机中安装了 Visual SourceSafe。这个工具是用来管理源程序的，如果读者是和其他人组成一个开发组开发软件，这个工具比较有用。对个人来说，这个工具作用不大，但可以用它来保存所有修改过的版本。如果觉得 Visual SourceSafe 没什么用，则可以卸载它，或者在"Source Code Control"对话框中选择"No"。

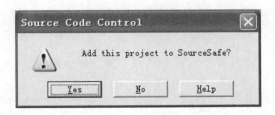

图 1-25 "Source Code Control"对话框

模 块 小 结

本模块通过一个简单的任务对 Visual Basic 6.0 的集成开发环境进行了详细的介绍，可以使读者掌握 Visual Basic 应用程序的一般开发过程。并且详细地介绍了 MSDN 技术资源库的内容和使用方法，为读者提供了一个学习 Visual Basic 6.0 编程的途径。

实 战 强 化

新建一个工程，打开 MSDN 技术资源库，查询 BackColor、ForColor 属性，阅读 BackColor、ForColor 属性的主题，然后打开"示例"链接，按照说明添加"PictureBox"控件和"Timer"控件，按 <F5> 键运行程序。

>> **提示** | "PictureBox"控件和"Timer"控件在工具箱中的位置如图 1-26 所示，添加控件后的窗体如图 1-27 所示。

图 1-26　控件在工具箱中的位置

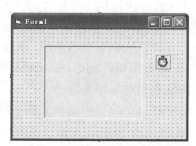

图 1-27　添加控件后的窗体

模块 2　面向对象程序设计基础

Visual Basic 特点

  Visual Basic 支持面向对象程序设计。用户可以使用可视化的编程环境，采用面向对象程序设计方法，定义对象，通过对象的属性、方法和事件的定义，完成应用系统程序的设计。

工作领域

  现实世界中的任何事物都可以看成是对象。对象都具有属性和行为，属性描述对象的特征和状态，行为表现或改变特征和状态。对象之间通过消息相互作用。任何对象都归属于某类事物，都是某类事物的实例。

  在 Visual Basic 6.0 中，对象是属性数据和方法的封装，能够响应事件。属性数据描述对象的状态；方法表征对象的行为，用于表现和改变对象的状态。事件响应使对象知道在什么情况下调用方法和操作。窗体和控件是 Visual Basic 6.0 中最常用的一类对象，熟悉和掌握窗体及控件的使用，是学习 Visual Basic 6.0 的关键。

技能目标

  通过本模块内容的学习和实践，能够掌握 Visual Basic 面向对象程序设计的基本步骤和方法，掌握属性、方法和事件编程的基本要领；获得窗体编程的技能，熟悉窗体的基本属性、方法和事件；能够使用属性窗口和代码窗口进行程序设计；为学习 Visual Basic 面向对象程序设计打下基础。

任务 1　设计"快乐学习 Visual Basic"屏幕文字输出

  在窗体对象的 Load、Click 事件中，利用窗体对象的 Print 方法，完成屏幕文字输出设计。

任务情境

  编写 Visual Basic 程序首先要创建一个良好的可视化界面，而每个程序界面是由窗体（Form）和一些必要的控件元素（Control）构成的。由于 Visual Basic 属于面向对象编程，所以一般将窗体与控件都称为对象。

  创建一个简单应用程序，该应用程序仅由一个窗体构成。窗体启动后，窗体背景为蓝色，字体颜色为黄色，屏幕显示"快乐学习 Visual Basic！"信息，如图 2-1 所示。单击窗体，窗体背景变为黄色，字体颜色变为红色，如图 2-2 所示，双击窗体，退出程序。

图 2-1   窗体启动后屏幕显示的信息

图 2-2   单击窗体后屏幕显示的信息

任务分析

Visual Basic 编程基本上是围绕着对象的属性、方法和事件进行的。分析出一个任务的对象有哪些，需要设置和改变的属性是什么，以及什么时机进行这些操作，对于完成设计工作是非常重要的。

任务 1 的对象只有一个：窗体。窗体的属性有许多，本任务是窗体的文本输出，涉及的属性非常简单，只是关于窗体文字的字体属性、前景和背景的颜色属性。只要在属性窗口设置窗体的初始状态，在适当的事件响应中调用窗体的方法改变窗体的属性即可。

具体的思路如下。

1）在窗体的 Load 事件中设置输出字符串的属性，即窗体的 ForeColor 属性和 Font 属性。

2）由于 Load 事件是在窗体被装载时发生的，无法执行屏幕输出的操作，故在窗体的 Activate 事件中调用 Print 方法将字符串输出到屏幕上。

3）在 Click 事件中首先调用 Cls 方法清除屏幕上的显示内容，然后重新设置窗体的 ForeColor 属性和 Font 属性，最后调用 Print 方法将字符串输出到屏幕上。

4）在 DblClick 事件中执行 UnLoad 语句，卸载窗体。也可以使用 End 语句，End 语句提供了一种强迫中止程序的方法。

任务实施

1）新建一个工程。

2）在属性窗口中设置窗体的属性，见表 2-1。

表 2-1   在属性窗口中设置窗体属性

属 性 名 称	属 性 值
名称	Frm
BackColor	&H00FF0000&
Caption	我的窗体
Font	字体：宋体，字形：常规，字号：三号

3）在窗体上单击鼠标右键，在弹出的快捷菜单中，选择"查看代码"命令，弹出代码窗口，如图 2-3 所示。在编写代码时，如果输入对象名后，再输入圆点运算符"."，则会弹出一个与该对象相关的"属性和方法列表"，供用户选择，如图 2-4 所示。

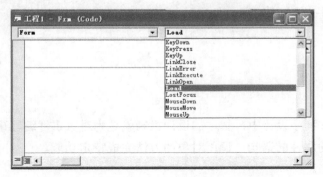

图 2-3　代码窗口

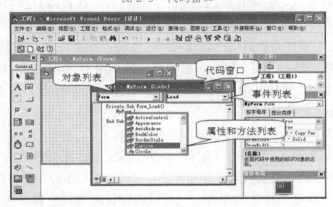

图 2-4　属性和方法列表

4）在 Form 对象（见代码窗口的左面下拉列表框）的 Activate、Click、DblClick 和 Load 事件（见代码窗口的右面下拉列表框）中输入如下代码。

```
' 单引号后面的文字为程序的注释部分，不会被执行，可以增强程序的可读性。
Private Sub Form_Activate ()                          ' 窗体激活事件
  Frm. Print                                         'Print 方法无参数时输出一空行
  Frm. Print Tab (5); " 快乐学习 Visual Basic ！ "    'Tab (n) 跳过 n 个字符的位置再输出字符串
End Sub

Private Sub Form_Click ()                             ' 窗体单击事件
  Frm. Cls                                           '清除窗体原有文字
  Frm. BackColor = RGB (0, 255, 0)                   'RGB (0, 255, 0) 表示红色和蓝色的分值
                                                     ' 为 0，结果为黄色
  Frm. ForeColor = RGB (255, 0, 0)
  Frm. FontName = " 隶书 "
  Frm. Print   Chr (13); Tab (5); " 快乐学习 Visual Basic ！ "  'Chr (13) 表示先换行再输出
End Sub

Private Sub Form_DblClick ()                          ' 窗体双击事件
```

```
    Unload  Frm                                        '卸载窗体 Frm
End  Sub

Private  Sub  Form_Load ()                             '窗体载入事件
    Frm. ForeColor = RGB (0, 255, 0)
End  Sub
```

5）运行程序。

知识提炼

在 Visual Basic 程序设计中，基本的设计机制就是为对象事件编写事件过程，在事件响应中填写改变对象的属性的语句，调用对象的方法完成特定功能。

过程、模块和工程：

在设计一个规模较大、复杂程度较高的应用程序时，往往需要按功能将程序分解成若干个相对独立的程序段，在 Visual Basic 中这些程序段称为过程。

Visual Basic 应用程序是由若干个过程构成，并保存在文件中，每个文件的内容称为一个模块，即一个模块可以包含多个过程。根据模块的作用不同，Visual Basic 有 3 类模块：窗体模块、标准模块和类模块；用不同的文件扩展名区分，分别是 .Frm（窗体模块）、.Bas（标准模块）和 .Cls（类模块）。

工程是模块的集合，一个工程可以包含多个模块。

窗体对象是 Visual Basic 应用程序的基本构造模块，是运行应用程序时，与用户交互操作的实际窗口。窗体有自己的属性、事件和方法，它通过响应事件，控制自己的外观和行为。

设计窗体的第一步是设置它的属性。这可以在设计时在属性窗口中完成，或者运行时由代码来实现。在代码中，设置属性的格式是：

对象名 . 属性名 = 属性值

例如，Frm. FontName=" 隶书 "。

窗体的常用属性包括：

1）名称：是窗体的标识名，代码中称它为 Name。

2）BackColor：设置窗体背景颜色。颜色的值通常有常数和 RGB 两种格式。常数格式包括：黑色：vbBlack，红色：vbRed，绿色：vbGreen 等；RGB 格式为：RGB（Red，Green，Blue）；Red、Green、Blue 分别代表红、绿、蓝 3 种颜色分量的整数，范围都是 0 ～ 255。

3）ForeColor：设置窗体的文本颜色。

4）Font：设置窗体的文本字体格式。

5）BorderStyle：设置窗体的边框风格。

需注意的是，属性值为 1-Fixed Single 与 3-Fixed Dialog 时，窗体外观相同，但功能却不同。

当属性为 1-Fixed Single 时，MaxButton 与 MinButton 这两个属性可以起作用。MaxButton 为 True 时窗体上有最大化按钮。MinButton 为 True 时最小化按钮也有效了。

而当属性为 3-Fixed Dialog 时，MaxButton 与 MinButton 属性不起作用。此时 MaxButton 与 MinButton 为 True，但最大化、最小化按钮均出现。

6）Caption：设置窗体标题栏上的文字。

7）Enabled：决定运行时窗体是否响应用户事件。

8）Height、Width：设置窗体的高度和宽度。

9）Left、Top：设置程序运行时窗体相对于屏幕的水平位置和垂直位置。

10）Visible：设置程序运行时窗体是否可见。当 Visible 为 False 时，窗体是不可见的。将值改为 True，运行时窗体就是可见的了。

11）WindowsState：设置程序运行中窗体的最小化、最大化和原形这 3 种状态。

12）Icon：设置窗体标题栏上的图标。

13）Picture：给窗体配上漂亮的位图。

最后要说明的是：窗体的 Name 和 Caption 属性，虽然默认值相同，都是 Form1，但实际意义却不一样。Caption 指的是窗体标题栏上的文字。Name 指这个窗体的对象名，是系统用来识别对象的，编程时需要用它来指代各对象。

对窗体对象属性的控制是通过响应事件进行的，在 Visual Basic 中事件的调用形式是：

```
Private Sub 对象名 _ 事件名
    （事件响应代码）
End Sub
```

尽管 Visual Basic 中的对象自动识别预定义的事件集，但要判定它们是否响应具体事件以及如何响应具体事件则是编程的责任了。代码部分（即事件过程）与每个事件对应。想让控件响应事件时，就把代码写入这个事件的事件过程之中。

对象所识别的事件类型多种多样，但多数类型为大多数控件所共有。例如，大多数对象都能识别 Click 事件—— 如果单击窗体，则执行窗体的单击事件过程中的代码；如果单击命令按钮，则执行命令按钮的 Click 事件过程中的代码。每个情况中的实际代码几乎完全不一样。

以下是事件驱动应用程序中的典型事件序列。

1）启动应用程序，装载和显示窗体。

2）窗体（或窗体上的控件）接收事件。事件可由用户引发（例如，键盘操作或单击控件）；可由系统引发（例如，定时器事件）；也可由代码间接引发（例如，当代码装载窗体时的 Load 事件）。

3）如果在相应的事件过程中存在代码，则执行代码。

4）应用程序等待下一次事件。

窗体常用的事件如下。

1）Load 事件：窗体最主要的事件，用来在启动程序时对属性和变量进行初始化。这个事件发生在窗体被装入内存时，且发生在窗体显示之前。在窗体显示之前，Visual Basic 会首先执行事件响应中的代码，然后将窗体显示在屏幕上。

2）UnLoad（卸载）事件：它的作用是从内存中清除一个窗体。卸载后如果要重新装入窗体，那么新装入的窗体上的所有控件都需要重新初始化。

3）Click 事件、Dblclick 事件：这两个事件在单击或双击窗体时发生。注意，单击窗体中的控件时，窗体的 Click 事件并不会发生。

4）Activate（活动事件）与 Deactivate（非活动事件）：显示单个窗体时，Load 事件后发生 Activate 事件。显示多个窗体时，可以从一个窗体切换到另一个窗体。每次激活一个窗体时，发生 Activate 事件，而前一个窗体发生 Deactivate 事件。

5）Resize 事件：在窗体被改变大小时会触发此事件。

方法指的是控制对象动作行为的方式。它是对象本身内含的函数或过程，一些对象有一些特定的方法。在 Visual Basic 中方法的调用形式是：

对象名．方法名

窗体的常用方法如下。

1）Hide 方法：用以隐藏窗体对象，但不能使其卸载。隐藏窗体时，它就从屏幕上被删除，并将其 Visible 属性设置为 False。用户将无法访问隐藏窗体上的控件。

2）Print 方法：在窗口中显示文本。

格式：

对象名 .Print[outputlist]

outputlist 参数（见表 2-2）具有以下语法：

{Spc (n) | Tab (n)} expression charpos

表 2-2 outputlist 参数

部　　分	描　　述
Spc (n)	可选的。用来在输出中插入空白字符，这里，n 为要插入的空白字符数
Tab (n)	可选的。用来将插入点定位在绝对列号上，这里，n 为列号。使用无参数的 Tab (n) 将插入点定位在下一个打印区的起始位置
expression	可选。要打印的数值表达式或字符串表达式
Charpos	可选。指定下个字符的插入点。使用分号（;）直接将插入点定位在上一个被显示的字符之后。使用 Tab (n) 将插入点定位在绝对列号上。使用无参数的 Tab 将插入点定位在下一个打印区的起始位置。如果省略 charpos，则在下一行打印下一字符

>> 注意　　输出换行时可以使用无参数的 Print 语句，也可以在 Print 中加入参数 Chr (13)，Chr (13) 表示换行的字符。

3）Show 方法：用以显示窗体对象。

4）Cls 方法：清除运行时窗体所生成的图形和文本。Cls 将清除图形和打印语句在运行时所产生的文本和图形，而设计时在窗体中使用 Picture 属性设置的背景位图和放置的控件不受 Cls 影响。如果激活 Cls 之前将 AutoRedraw 属性设置为 False，调用时将该属性设置为 True，则放置在窗体中的图形和文本也不受影响。这就是说，通过对正在处理的对象的 AutoRedraw 属性进行操作，可以保持窗体中的图形和文本。

窗体对象更多的属性、方法和事件可以在安装了 MSDN 后，选取 Form 关键字，按 <F1> 键获得帮助。图 2-5 所示为关键字 Form 的 MSDN 帮助。从中可以全面了解 Visual Basic 中对象的属性、方法和事件，还可以通过示例学习对象的属性、方法和事件的使用方法。

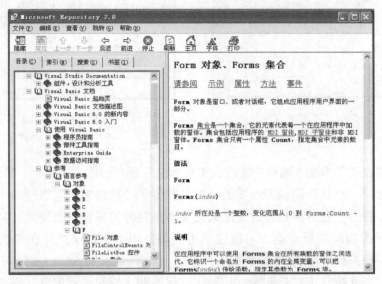

图 2-5　关键字 Form 的 MSDN 帮助

任务 2　简单的文字复制

响应 Visual Basic 按钮控件的 Click 事件，完成对标签控件、文本框控件的属性设置和改变。

任务情境

为了更好地掌握面向对象的程序设计方法，这里演示一个文字复制程序。其中涉及 Visual Basic 中最常用的对象：窗体、标签、文本框和按钮。界面初始状态如图 2-6 所示。首先在左边文本框输入文字，如图 2-7 所示；然后单击"确认"按钮，这时左边文本框的文字已复制到右边的文本框，如图 2-8 所示；当光标重新定位到左边文本框时，界面应回到初始状态。

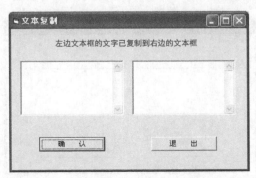

图 2-6　界面初始状态

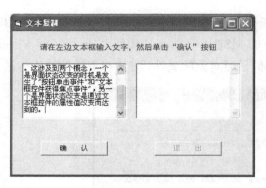
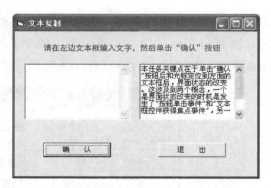

图 2-7　左边文本框输入文字　　　　　图 2-8　单击"确认"按钮后的界面状态

任务分析

本任务关键点在于单击"确认"按钮后和光标定位到左边的文本框后，界面状态的改变。这涉及两个概念，一个是界面状态改变的时机是发生了"按钮单击"事件和"文本框控件获得焦点"事件，另一个是界面状态改变是通过文本框控件的属性值改变而达到的。

因此，本任务编程的重点是在"按钮单击"事件和"文本框控件获得焦点"事件中，对文本框控件和标签控件的属性进行控制。

1）在窗体 Load 事件中对界面进行初始化：标签的字体和显示内容、清空文本框内容、锁定左边文本框的编辑状态。

2）在"确认"按钮的单击事件中改变文本框控件和标签控件的属性值：首先将左边文本框的 Text 属性的值赋给右边文本框的 Text 属性；然后将左边文本框的 Text 属性的值清空，同时修改标签的显示内容。

3）在左边文本框的获得焦点事件中恢复界面初始状态：将右边文本框的 Text 属性的值清空，同时恢复标签的初始显示内容。

4）在"退出"按钮的单击事件中卸载窗体对象。

任务实施

1）新建一个工程。

2）在窗体中添加一个标签控件 Label、两个文本框控件 TextBox 和两个按钮控件 Command，如图 2-9 所示。

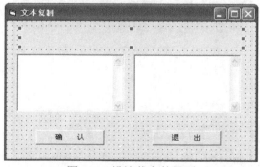

图 2-9　设计状态的界面

在属性窗口中设置窗体、控件的属性，见表 2-3。

表 2-3　在属性窗口中设置属性

控 件 名	属 性 名 称	属 性 值
Form1	名称	Frm
	Caption	文本复制
Label1	名称	Lbl
TextBox1	名称	Txt1
	MultiLine	True
	ScrollBars	2-Vertical
TextBox2	名称	Txt2
	MultiLine	True
	ScrollBars	2-Vertical
Command1	名称	Cmd1
	Caption	确认
Command2	名称	Cmd2
	Caption	退出
	Enabled	False

>> **说明** 为了演示窗体的 Load 事件，这里没有将控件的属性在设计时的属性窗口中进行设置，而是放在 Load 事件中通过代码实现。

3）在窗体上单击鼠标右键，在弹出的快捷菜单中，选择"查看代码"命令，在弹出的代码窗口中分别选定 Form 对象的 Load 事件、Cmd1 对象的 Click 事件、Cmd2 对象的 Click 事件和 Txt1 对象的 GotFocus 事件，在其中输入如下代码。

```
Private Sub cmd1_Click ()                '"确认"按钮的单击事件
    Txt2. Text = Txt1. Text              '将 Txt1 的 Text 属性的值赋给 Txt2 的 Text 属性
    Txt1. Text = ""
    Lbl. Caption = " 左边文本框的文字已复制到右边的文本框 "
    Cmd2. Enabled = True                 '此时"退出"按钮可用
End Sub

Private Sub cmd2_Click ()                '"退出"按钮的单击事件
    Unload Frm
End Sub

Private Sub Form_Load ()
    Lbl. FontName = " 隶书 "
    Lbl. FontSize = 12
    Lbl. ForeColor = vbRed
    Lbl. Caption = " 请在左边文本框输入文字，然后单击"确认"按钮 "
    Txt1. Text = ""
    Txt2. Text = ""
    Txt2. Locked = True                  '文本框 Txt2 被锁定，不能进行文字编辑
```

```
        End  Sub

Private  Sub  Txt1_GotFocus ()                          ' 文本框 Txt1 获得焦点事件
    Lbl. Caption = " 请在左边文本框输入文字，然后单击"确认"按钮 "
    Txt2. Text = ""
    Cmd2. Enabled = False                         '此时"退出"按钮不可用
End  Sub
```

4）按 <F5> 键运行程序。

知识提炼

CommandButton 控件

在 Visual Basic 操作界面中，CommandButton（命令按钮）控件所代表的图标如图2-10所示。

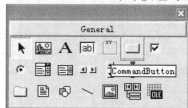

图 2-10　命令按钮控件图标

CommandButton 控件在程序中主要作为按钮进行使用。默认的名称为 CommandX（X 为 1、2、3 等），命名规则为 CmdX（X 为用户自定义的名字，如 CmdCopy、CmdPaste、1、2 等）。

CommandButton 控件的主要属性如下。

（1）Cancel（取消）属性　当一个按钮的 Cancel 属性设置为 True 时，按 <Esc> 键与单击此命令按钮的作用相同，因此，这个命令按钮被称为取消按钮。在一个窗体中，只允许一个命令按钮的 Cancel 属性为 True。

（2）Default（默认）属性　当一个按钮的 Default 属性设置为 True 时，按 <Enter> 键与单击此命令按钮的作用相同，因此，这个命令按钮被称为默认按钮。与 Cancel 的设置一样，在一个窗体中，只允许一个命令按钮的 Default 属性设置为 True。

（3）Caption（标题）属性　跟其他控件的Caption属性一样，都用来显示控件标题的属性。

（4）Enabled（可用）属性　本属性决定了控件是否可用的问题。当值为 False 时，按钮在程序运行时呈灰色，不能响应用户的鼠标动作，只有当值为 True 时，按钮才能使用。

本属性可以在属性窗口中设置，也可以在程序中修改，代码如下：

按钮控件名称 .Enabled=True/False

（5）Style（类型）与 Picture（图片）属性　为了让应用程序的操作界面更美观一点，可以在某个按钮上添加一幅小图片，那么，就需使用到按钮控件的 Style 与 Picture 属性。

按钮控件共有两种 Style，一种是标准型（Standard），Visual Basic 中用 VbButtonStandard 或者 0 表示；另外一种是图形型（Graphical），Visual Basic 中用 VbButtonGraphical 或者 1 表示。Style 属性可以在属性窗口中设置，也可以在程序中修改，代码如下。

按钮名称 .Style=VbButtonStandard/VbButtonGraphical

或者：按钮名称 .Style=0/1

只有当按钮的 Style 属性设置为 Graphical 类型时，按钮的 Picture 属性才起作用。本属性能在指定的按钮上添加图片。可以在设计时从属性窗口为按钮指定图片，单击图片文件选择按钮即可指定图片文件，如图 2-11 所示。

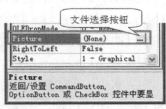

图 2-11　按钮的 Picture 属性

也可以在程序中进行指定，代码如下。

按钮名称 .Picture=" 图形文件所在的路径与文件名 "，例如，CmdPicture. Picture = "D:\image\01.jpg"

CommandButton 最常用的事件是单击（Click）事件，当单击按钮时，犹如发出了一道命令，而这也正是"命令按钮"这个名称的由来。

标签控件

Label 控件和 TextBox 控件是用于显示和输入文本的。让应用程序在窗体中显示文本时使用 Label，允许用户输入文本时用 TextBox。Label 控件中的文本为只读文本，而 TextBox 控件中的文本为可编辑文本。

Label 标签控件的主要属性如下。

（1）Caption（标题）属性　此属性用来设置在标签上显示的文本信息，可以在创建界面时设置，也可以在程序中改变文本信息。在程序中修改标题属性的代码规则如下。

标签名称 .Caption= 字符串

例如，LblShow. Caption=" 欢迎使用 Visual Basic "

（2）BorderStyle（边框）属性　本属性用来设置标签的边框类型，有两种值可选：0，代表标签无边框；1，代表标签有边框，并且具有三维效果。

BorderStyle 属性可以在设计时在属性窗口中指定，也可以在程序中改变（但这种应用不多见），程序代码规则如下。

标签名 .BorderStyle=0/1（0 或 1，两者取一）

（3）Font（字体）属性　本属性用来设置标签显示的字体，既可以在设计时从属性窗口中设定，也可以在程序中改变。在属性窗口中，除了可以选择字体，还可以设置显示文字是否为粗体、斜体、下画线等。

在程序中改变 Font 属性，程序代码书写规则如下。

字体改变：标签名 .FontName = " 字体类型 "，其中，"字体类型"可以是中文，如"宋体""隶书"；也可以是英文名，如"Arial""Times New Roman"等，不过，这些字体名称必须是计算机上有的。

字体大小改变：标签名 .FontSize = X，其中，X 是阿拉伯数字，代表字体是几号字。例如，LblShow. FontSize = 11。

粗体（FontBold）、斜体（FontItalic）、下画线（FontUnderline）、删除线（FontStrikethru）属性的设置值是代表真 / 假的逻辑判断值 True/False。

（4）Alignment（对齐）属性　此属性用来设置标签上显示的文本的对齐方式，分别是：左对齐，0；右对齐，1；居中显示，2。

可以在设计时在属性窗口中设定，也可以在程序中改变，代码如下。

标签名 .Alignment = 0/1/2

（5）Visible（可见）属性　本属性在大多数控件中都有，它能设定该控件是否可见。当值为 True，控件可见；当值为 False，控件隐藏。控件的可见属性可以在设计时在属性窗口中设定，也可以在程序中改变，代码如下。

标签名 .Visible = True/False

标签控件的主要作用在于显示文本信息，但也支持一些为数不多的事件，如 Click 事件。

（6）BackColor、ForeColor 属性　本属性在大多数控件中都有，设置控件的背景和前景颜色。

（7）AutoSize 和 WordWrap 属性　本属性用于改变 Label 控件大小以适应较长或较短的标题。

AutoSize 属性决定控件是否自动改变尺寸以适应其内容。如该属性设为 True，则 Label 控件就会根据其内容进行水平方向变化，WordWrap 属性决定控件是否自动通过换行以适应 Label 控件的大小。

为了使标签具有垂直伸展和字换行处理，必须设置它的 AutoSize 属性和 WordWrap 属性同时为 True。

AutoSize 属性为 False，WordWrap 属性为 False 时，若标签不够高而 Caption 太长时，Caption 将被切割掉。

AutoSize 属性为 False，WordWrap 属性为 True 时，情况也如此。

AutoSize 属性为 True，WordWrap 属性为 False 时，表示可以水平伸展，但只显示一行信息。

TextBox 控件：在 Visual Basic 操作界面中，TextBox（文本框）控件所代表的图标如图 2-12 所示。

TextBox 控件主要用来显示文本或用来输入文本。文本框控件对象的默认名称为 TextX（X 为 1、2、3 等），命名规则为 TxtX（X 为用户自定义的名字，如 TxtShow、TxtFont、TxtColor 等）。

图 2-12　TextBox 控件的图标

TextBox 文本框控件的主要属性如下。

（1）Text（文本）属性　TextBox 控件中最重要的属性，用来显示文本框中的文本内容。Text 属性可以用 3 种方式设置：设计时在"属性"窗口进行、运行时通过代码设置或在运行时由用户输入。程序代码的规则：

文本框控件对象名 .Text = " 欲显示的文本内容 "

如要在一个名为 TxtFont 的文本框控件中显示"隶书"字样，那么输入代码：

TxtFont. Text = " 隶书 "

（2）SelText（选中文本）属性　本属性返回或设置当前所选文本的字符串，如果没有选中的字符，那么返回值为空字符串即 ""。

请注意，本属性的结果是个返回值，或为空，或为选中的文本。

一般来说，选中文本属性跟文件复制、剪切等剪贴板（在 Visual Basic 中，剪贴板用 Clipboard 表示）操作有关，如要将文本框选中的文本复制到剪贴板上：

Clipboard. SetText 文本框名称 .SelText（注意，本行没有表示赋值的等号。）

要将剪贴板上的文本粘贴到文本框内：

文本框名称 .SelText = Clipboard. GetText（注意，本行有表示赋值的等号。）

例如，在任务 2 的 cmd1 控件的 Click 事件中的代码修改如下。

```
Private Sub cmd1_Click ()
    Clipboard. SetText Txt1. SelText
    Txt2. SelText = Clipboard. GetText
End Sub
```

任务 2 就具有了通常意义上的文本复制功能。在选中左边文本框的文字后，单击"确认"按钮，被选中的文字就会复制到右边文本框中，如图 2-13 和图 2-14 所示。

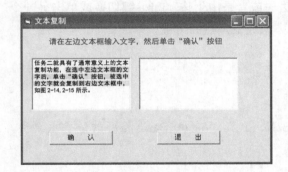
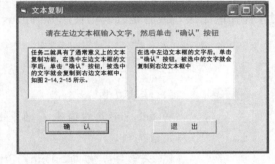

图 2-13　选中左边文本框的文字　　　　　图 2-14　复制到右边文本框

（3）MaxLength（最大长度）属性　本属性限制了文本框中可以输入字符个数的最大限度，默认为 0，表示在文本框所能容纳的字符数之内没有限制，文本框所能容纳的字符个数是 64KB，如果超过这个范围，则应该用其他控件来代替文本框控件。文本框控件 MaxLength 属性既可以在界面设置过程中予以指定，也可以在设计时予以改变，代码如下。

文本框控件名 .Maxlength = X（X 为阿拉伯数字，如 10、20、57 等）。

（4）MultiLine（多行）属性　　本属性决定了文本框是否可以显示或输入多行文本，当值为 True 时，文本框可以容纳多行文本；当值为 False 时，文本框则只能容纳单行文本。本属性只能在设计时的属性窗口中指定，程序运行时不能加以改变。

（5）ScrollBars（滚动条）属性　　本属性可以设置文本框是否有滚动条。当值为 0 时，文本框无滚动条；值为 1 时，只有横向滚动条；值为 2 时，只有纵向滚动条；值为 3 时，文本框的横竖滚动条都具有。

（6）PasswordChar（密码）属性　　本属性主要用来作为密码功能进行使用。例如，若希望在密码框中显示星号，则可在"属性"窗口中将 PasswordChar 属性指定为"*"。这时，无论用户输入什么字符，文本框中都显示星号。

>> **注意** 如果文本框控件的 MultiLine（多行）属性为 True，那么文本框控件的 PasswordChar 属性将不起作用。

（7）Locked（锁定）属性 当值为 False 时，文本框中的内容可以编辑；当值为 True 时，文本框中的内容不能编辑，只能查看或进行滚动操作。此时相当于标签控件。

TextBox 文本框控件的事件：

除了 Click、DbClick 这些不常用的事件外，与文本框相关的主要事件是 Change、GotFocus、LostFocus 事件。

（1）Change 事件 当用户向文本框中输入新内容，或当程序把文本框控件的 Text 属性设置为新值时，触发 Change 事件。

（2）GotFocus 事件 本事件又名"获得焦点事件"。获得焦点可以通过诸如按 <Tab> 键切换，或单击对象之类的用户动作，或在代码中用 SetFocus 方法改变焦点来实现。

（3）LostFocus 事件 失去焦点，焦点的丢失或者是由于按 <Tab> 键切换或单击另一个对象操作的结果，或者是代码中使用 SetFocus 方法改变焦点的结果。

日积月累

Visual Basic 编码规则

1．语言元素

Visual Basic 的语言基础是 Basic 语言，Visual Basic 程序的语言主要由下列元素构成。

1）关键字，例如，Dim、Print、Cls。

2）函数，例如，Sin（ ）、Cos（ ）Sqr（ ）。

3）表达式，例如，Abs（-23.5）+45*20/3。

4）语句（例如，X=X+5、If…Else…End If）等。

2．Visual Basic 代码书写规则

1）程序中不区分字母的大小写，Ab 与 AB 等效。

2）系统对用户程序代码进行自动转换。

① 对于 Visual Basic 中的关键字，首字母被转换成大写，其余转换成小写。

② 若关键字由多个英文单词组成，则将每个单词的首字母转换成大写。

③ 对于用户定义的变量、过程名，以第一次定义的为准，以后输入的自动转换成首次定义的形式。

3．语句书写规则

1）在同一行上可以书写多行语句，语句间用冒号"："分隔。

2）单行语句可以分多行书写，在本行后加续行符：空格和下画线"_"。

3）一行允许多达 255 个字符。

4．程序的注释方式

1）整行注释一般以 Rem 开头，也可以用撇号"'"。

2）用撇号"'"引导的注释，既可以是整行的，也可以直接放在语句的后面，最方便。

3）可以利用"编辑"工具栏的"设置注释块""解除注释块"来设置多行注释。

5. 在 Visual Basic 的语法表示中，方括号"[ ]"内是可选的语法成分。未在方括号以内的是 Visual Basic 必需的语法成分

日积月累

使用"对象浏览器"

在设计过程中，可以按 <F2> 键打开"对象浏览器"，浏览当前工程的对象和对象的成员，如图 2-15 所示。

从"工程/库"列表框中可以选择当前工程、已有的工程和系统库。在对象浏览器中，使用不同的图标表示对象和对象的成员，图 2-15 给出了常用图标的说明。

在"类"列表中包含窗体模块、标准模块和类模块等。单击某一个模块，然后在底部的描述面板中查看其中的描述。模块的属性、方法、事件和常数将显示于右边的"成员"列表中。

可以在"成员"列表中单击成员，查看所选择的对象成员的参数和返回值。对象浏览器底部的描述面板将显示对应的信息。

可以单击描述面板中的库名或对象名跳转至包含该成员的库或对象。单击对象浏览器顶部的"向后"按钮可以返回至先前的位置。

通过对象浏览器可以快速地了解对象的属性、方法和事件的使用方式。

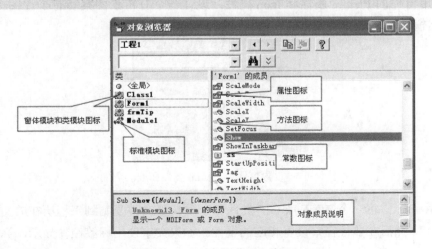

图 2-15 "对象浏览器"窗口

模 块 小 结

　　本模块对窗体、标签控件、文本框控件和按钮控件等对象进行了详细的介绍，通过简单的任务对 Visual Basic 面向对象程序设计的基本步骤和方法进行了介绍。掌握对象的属性、方法和事件编程是 Visual Basic 面向对象程序设计的基本要领。很多控件对象都有相同的属性、方法和事件，读者只要举一反三，加强实践，就会熟悉对象的基本属性、方法和事件；能够使用属性窗口和代码窗口进行程序设计，为学习 Visual Basic 面向对象程序设计打下基础。

实 战 强 化

　　1）使用按钮控制标签文本的颜色，如图 2-16 所示。

图 2-16　控制文本颜色

> **提示** ｜　　在按钮单击事件中，设置 Label 控件的 ForeColor 属性值为对应的颜色值。

　　2）使用窗体的 Picture 属性和 Icon 属性，设计一个有背景图案和有个性图标的窗体，文字可使用窗体的 Print 方法或标签，如图 2-17 所示。

图 2-17　设置窗体的 Picture 属性和 Icon 属性

> **提示** ｜　　将一个 WMF 或 GIF 文件和一个 ICO 文件复制到工程所在的文件夹中，然后在属性窗口设置相应的属性。如果文字使用标签控件显示，标签控件的 BackStyle 属性取值为：0-Transparent，则完全透明。

扩展

上述任务可以添加按钮控件，通过按钮控件的 Click 事件控制窗体的背景图案。

3）使用标签控件、文本框控件和按钮控件设计如图 2-18 所示的界面，当用户输入"用户名"和"密码"后，标签显示"欢迎×××，您的密码是：×××××××"，如图 2-19 所示。

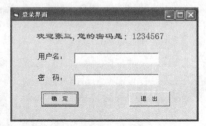

图 2-18　登录界面 　　　　　　　 图 2-19　确认之后的登录界面

>> **提示** | 在"确定"按钮的单击事件中，设置标签控件的 Caption 属性，其属性值一部分取自两个文本控件的 Text 属性。

模块 3　程序设计基础

Visual Basic 特点

Visual Basic 具有丰富的数据类型、大量的内部函数，支持模块化、结构化程序设计，提供了多种形式的条件语句实现选择结构，拥有 For…Next、While…Wend、Do…Loop 等多种循环结构，方便用户根据需求灵活地进行结构选择，高效地创建 Visual Basic 应用程序。

工作领域

熟悉 Visual Basic 的数据类型、语句、函数及模块，掌握程序语言的基本控制结构是进行结构化程序设计的基础，是进入 Visual Basic 程序设计领域的第一步。

技能目标

通过本模块的学习，初步了解 Visual Basic 程序设计语言；掌握程序语言的基本要素：关键字和标识符、数据类型、常量和变量、运算符和表达式、数组、语句和模块；能够使用程序控制结构中的 If 语句、Select Case 语句、For…Next 语句、While…Wend 语句和 Do…Loop 语句进行编程。

任务 1　演示表达式运算

在窗体对象的 Load、Click 事件中，利用窗体对象的 Print 方法，完成屏幕文字输出设计。

任务情境

下面的程序演示了使用文本框进行"文本数据"输入，应用程序接收数据后，转换成"数值型数据"进行算术运算、关系运算和逻辑运算，然后将结果显示在窗体上。用户启动程序后，按照提示，在文本框中输入两个数字，单击"演示"按钮，程序构造的 3 种表达式计算结果就显示到窗体上，如图 3-1 所示。

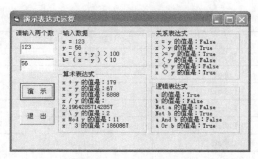

图 3-1　演示表达式运算

任务分析

关键字和标识符、数据类型、常量和变量、运算符和表达式是程序语言的基本要素，掌握程序语言的基本要素是程序设计的基本要求。程序的基本操作无非是数据的输入与输出、数据的处理，而这些又涉及数据的存储、数据的转换。本任务通过文本框输入数据，这些数据的类型是字符串，而本程序中的算术表达式、关系表达式处理的数据要求是数值类型的，逻辑表达式处理的数据要求是布尔类型的。输出由标签控件实现，为显示多行内容，在标签控件的 Caption 属性里加入了字符 Chr (13)，表示换行。

程序涉及的数据转换语句有：

x = CInt (Text1. Text)

该语句添加在 Text1_Change () 事件中，当文本框中的内容发生变换时，激发该事件，CInt 函数把文本框中的字符串转换成整型数值。

另一个转换函数是 CStr ()，功能是把合法的数据转换成字符串数据。

本程序中使用整型变量存储数值型数据，使用布尔型变量存储逻辑数据，如：

Dim x, y As Integer

Dim a, b As Boolean

任务实施

1）新建一个工程。

2）在窗体添加 2 个文本框控件，2 个命令按钮控件，4 个框架控件 Frame。框架控件在工具箱中的图标如图 3-2 所示。框架控件的功能是为控件提供可标识的分组，使用方法是首先需要绘制框架控件，然后添加框架里面的控件。这样就可以把框架和里面的控件同时移动，通过框架控件的 Caption 属性可以设置框架的标题。再添加 5 个标签控件，其中 4 个标签控件需要分别添加到 4 个框架控件中。

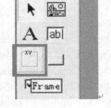

图 3-2　框架（Frame）控件

在属性窗口中设置窗体的属性见表 3-1。

表 3-1　在属性窗口中设置窗体属性

	控 件 名	属 性 名 称	属 性 值
窗体	Form1	Caption	演示表达式运算
标签	Label1	Caption	空
	Label2	Caption	空
	Label3	Caption	空
	Label4	Caption	空
	Label5	Caption	空
文本框	TextBox1	Text	空
	TextBox2	Text	空
框架	Frame1	Caption	算术表达式
	Frame2	Caption	关系表达式
	Frame3	Caption	逻辑表达式
	Frame4	Caption	输入数据
按钮	Command1	Caption	演示
	Command2	Caption	退出

属性窗口设置结果如图 3-3 所示，注意将标签控件放入框架中。

图 3-3　演示表达式运算窗体

3）打开代码窗口，在代码窗口添加如下代码。

```
Dim x, y As Integer
Private Sub Command1_Click ()
    Label2. Caption = "x + y 的值是：" & x + y
    Label2. Caption = Label2. Caption & Chr (13) & "x - y 的值是：" & x - y
    Label2. Caption = Label2. Caption & Chr (13) & "x * y 的值是：" & x * y
    Label2. Caption = Label2. Caption & Chr (13) & "x / y 的值是：" & x / y
    Label2. Caption = Label2. Caption & Chr (13) & "x \ y 的值是：" & x \ y
    Label2. Caption = Label2. Caption & Chr (13) & "x Mod y 的值是：" & x Mod y
    Label2. Caption = Label2. Caption & Chr (13) & "x ^ 3 的值是：" & x ^ 3

    Label3. Caption = "x = y 的值是：" & CStr (x = y)
    Label3. Caption = Label3. Caption & Chr (13) & "x > y 的值是：" & CStr (x > y)
    Label3. Caption = Label3. Caption & Chr (13) & "x >= y 的值是：" & CStr (x >= y)
    Label3. Caption = Label3. Caption & Chr (13) & "x < y 的值是：" & CStr (x < y)
    Label3. Caption = Label3. Caption & Chr (13) & "x <= y 的值是：" & CStr (x <= y)
    Label3. Caption = Label3. Caption & Chr (13) & "x <> y 的值是：" & CStr (x <> y)

    Label4. Caption = "x = " & x
    Label4. Caption = Label4. Caption & Chr (13) & "y = " & y
    Label4. Caption = Label4. Caption & Chr (13) & "a = (x + y ) > 100 "
```

```
   Label4. Caption = Label4. Caption & Chr (13) & "b= (x - y ) < 10"

  a = x + y > 100
  b = x - y < 10
   Label5. Caption = "a 的值是：" & CStr (a)
   Label5. Caption = Label5. Caption & Chr (13) & "b 的值是：" & CStr (b)
   Label5. Caption = Label5. Caption & Chr (13) & "Not a 的值是：" & CStr (Not a)
   Label5. Caption = Label5. Caption & Chr (13) & "Not b 的值是：" & CStr (Not b)
   Label5. Caption = Label5. Caption & Chr (13) & "a And b 的值是：" & CStr (a And b)
   Label5. Caption = Label5. Caption & Chr (13) & "a Or b 的值是：" & CStr (a Or b)
End Sub

Private Sub Command2_Click ()
   Unload Form1
End Sub

Private Sub Text1_Change ()
   x = CInt (Text1. Text)
End Sub

Private Sub Text2_Change ()
   y = CInt (Text2. Text)
End Sub
```

4）运行程序。

知识提炼

数据类型

Visual Basic 6.0 提供的基本数据类型主要有字符串型数据和数值型数据，此外还提供了字节、货币、对象、日期、布尔和变体数据类型。

1. 字符型（String）数据

字符型是一个字符序列，由 ASCII 字符组成，包括标准的 ASCII 字符和扩展的 ASCII 字符。在 Visual Basic 中，字符型是放在双引号内的若干个字符，其中长度为 0（即不含任何字符）的字符串称为空字符串。如：

"Visual Basic 程序设计" "控件" "123456" "Lbs@bttc.cn" " "

2. 数值型数据

Visual Basic 的数值型数据分为整数和浮点数两类。其中整数又分为整型（Integer）和长整型（Long），浮点数分为单精度浮点数（Single）和双精度浮点数（Double）。如：

1234   5 4321   123.45   1.234 5e2   1.2e-127

3. 货币型（Currency）数据

货币数据类型是为表示钱款而设置的。货币型数据小数点前最多有 15 位数，小数点后只保留 4 位数，超过 4 位的小数，系统按四舍五入自动截取。如：

1 234 704 345   13 258.396 2

4．日期型（Date）数据

日期型数据表示法有两种：一种是以数字符号（#）扩起来的格式化表示法，例如，#January 1，1993# 或 #1 Jan 93#。另一种是以数字序列表示，小数点左边是日期，右边是时间，例如，2.5 表示 1900-1-1 12:00:00。有关数字序列与日期型数据的对应关系，可通过下面代码给出。

```
Private Sub Form_Click ()
    Dim D As Date
    D = 2.5
    Print D
End Sub
```

5．布尔型（Boolean）数据

布尔型数据是表示真假的数据，用于表示逻辑判断的结果。取值只有真（True）和假（False）两个值。

6．变体型（Variant）数据

变体数据类型是一种可变的数据类型，可以表示任何值，包括数值、字符串、日期 / 时间等。

>> **注意**　若没有设置强制声明，则 Visual Basic 允许使用没有声明的变量，其会自动创建该变量并赋予这个变量 variant 类型，初值为 empty。

更多关于数据类型的内容请参阅 MSDN 技术资源库的"数据类型"主题。

常量和变量

1．常量

常量是程序运行中不可改变的量。Visual Basic 系统中常量分为直接常量、用户声明的符号常量、系统预定义常量。

1）直接常量。直接常量也称为常数，不同类型的直接常量表现形式不同，如：

123　　−78.9　　"程序设计"　　#04/12/2008#　　True 分别是整型、浮点型、字符串、日期型和布尔型。

2）符号常量。符号常量是命名的数据项，其值和类型由定义时确定，作用是增加程序代码的可读性，提高程序调试的效率。一般格式为：

Const　常量名＝表达式 [, 常量名＝表达式]…

3）系统常量。除了用户自定义的符号常量外，Visual Basic 系统提供了应用程序和控件的预定义常量，用户可以直接引用。如系统的颜色常量：

vbBlack　　　　vbRed　　　　vbGreen

更多的系统常量及应用请参阅 MSDN 的"常量"主题。

2．变量

Visual Basic 用变量来储存数据值。每个变量都有一个名字和相应的数据类型，通过名

字来引用一个变量，数据类型则决定了该变量的储存方式。变量是程序中数据的临时存放场所，可以保存程序运行时用户输入的数据、特定运算的结果以及要在窗体上显示的一段数据等。变量的值在程序运行中是可以变化的。

1）变量的声明。变量的声明就是定义变量名和变量的数据类型。Visual Basic 系统声明变量的格式如下。

① 显式声明：声明局部变量的格式：

Dim|Static 变量名 [As 类型][, 变量名 [As 类型]]

如：

Dim x As Integer　'定义 x 为整型变量

Dim str As String　'定义 str 为变长字符串变量

Dim a Integer, b Double　'定义 a 为整型变量，b 为双精度浮点型变量

② 隐式声明：如果不进行显式声明而通过赋值语句直接使用的变量，或省略了 [As 类型] 短语的变量，则其类型为变体类型（Variant）。

③ 强制声明：在程序的开始处，如果写入如下语句：

Option Explicit

则程序中所有变量必须进行显式声明。当有未定义的变量出现或已定义的变量名发生拼写错误时，系统都会提出警告，建议初学者采用强制声明。

2）变量的作用域。变量的作用域就是引用变量的有效范围。在 Visual Basic 中，通常分为局部变量、窗体、模块变量和全局变量。

① 局部变量（过程级变量）：在 Sub 过程中使用 Dim 或 Static 定义的变量属于局部变量，其有效范围在其所声明的过程内部。

使用 Static 定义的变量与 Dim 定义的变量不同之处在于：在执行一个过程结束时，其所用到的 Static 变量的值会保留，下次再调用此过程时，变量的初值是上次调用结束时被保留的值；而 Dim 定义的变量在过程结束时不保留，每次调用时需要重新初始化。

② 窗体变量和模块变量：Visual Basic 程序由窗体模块、标准模块和类模块 3 种模块组成。模块包括过程和声明两部分，在模块的声明部分使用 Private 和 Dim 声明的变量的有效作用范围是模块内部的任何过程，称为模块级变量。

③ 全局变量：全局变量可以在整个程序的任何模块、任何过程中使用的变量。在模块的声明部分使用 Public 声明的变量是全局变量。

表达式和运算符

1）表达式是把常量、变量、函数以及关键字通过运算符按照一定规则组合起来生成新值的式子。运算符包括算术运算符、关系运算符、字符串运算符和逻辑运算符。

① 算术运算符和表达式：Visual Basic 提供了下述几种算术运算符，它们连接公式的各部分，操作数是数值型数据，见表 3-2。

表 3-2　算术运算符

运　算　符	含　义	表　达　式	结　果
+	加	2+3	5
−	减	5−3	2
*	乘	6*3	18
/	除	7/3	2.333 333
\	整除	8\3	2
Mod	求余数	25 mod 3	1
^	幂	2^3	8

注：1）除法运算，结果是单精度保留 6 位小数，双精度保留 14 位小数。

2）整除和求余数运算，操作数一般是整型或长整型，若为浮点型，则系统将其四舍五入转换为整型或长整型再进行运算。

3）整除运算结果取整不四舍五入。

② 字符串运算符和表达式：Visual Basic 有两个字符串连接符"&"和"+"，用于将两个字符串连接成一个字符串。如：

"程序设计"&"语言"　　　结果为"程序设计语言"

123 & 456　　　　　　　结果为"123456"

123 & "asd"　　　　　　结果为"123asd"

当将上面表达式中的"&"连接符换成"+"运算符时，第一个表达式结果为"程序设计语言"，第二个表达式的结果是 579，第三个表达式的结果是出错。可以看出，"&"连接符不论两个操作数是字符串还是数值，都可以连接；"+"运算符只有两个操作数都是字符串时才起连接作用，当两个操作数是数值或数字字符串时进行求和运算，其中一个是非数字字符串，另一个是数值时出错。

③ 关系运算符和表达式：关系运算符用于对两个操作数进行比较，如果关系成立，则结果为 True；如果关系不成立，则结果为 False，且两个操作数同为数值型数据或同为字符串数据才能进行比较，见表 3-3。

表 3-3　关系运算符

运　算　符	含　义	表　达　式	结　果
>	大于	2+3>8	False
>=	大于等于	5−3>=2	True
<	小于	"3wad"<"3wbf"	True
<=	小于等于	7/3<=3	True
=	等于	"abc"="ABC"	False
<>	不等于	"abc"<>"ABC"	True

注：1）数值型数据比较的是数值的大小。

2）字符串比较的是两个字符串中第一个不相同字符的 ASCII 码的大小。

④ 逻辑运算符和表达式：逻辑运算符用于两个逻辑量的比较，结果只有 True 和 False。只有 Not 运算符作用于一个逻辑量上，其余都作用在两个逻辑量上，见表 3-4。

表 3-4　逻辑运算符

运 算 符	含 义	表 达 式	结 果
Not	非运算	Not（3>5）	True
And	与运算	3>2 and 5<2	False
Or	或运算	3>2 Or 5<2	True
Xor	异或运算	3>2 Xor 5<2	True
Eqv	等价运算	3<2 Eqv 5<2	True
Imp	蕴含运算	3<2 Imp 5<2	True

注：1）Not 运算符作用在一个逻辑量上，进行取反操作，即 Not（True）为 False，Not（False）为 True。

2）And 运算符，只有两个逻辑量同时为 True 时，结果为 True，其余情况全为 False，简称"同真为真"。

3）Or 运算符，只有两个逻辑量同时为 False 时，结果为 False，其余情况全为 True，简称"同假为假"。

4）Xor 运算符，两个逻辑量同时为 True 或同时为 False 时，结果为 False，两个逻辑量一个为 True，一个为 False 时，结果为 True，简称"相异为真，相同为假"。

5）Eqv 运算符与 Xor 运算符相反，两个逻辑量同时为 True 或同时为 False 时，结果为 True，两个逻辑量一个为 True，一个为 False 时，结果为 False，简称"相同为真，相异为假"。

6）Imp 运算符，只有当第一个逻辑量为 True 第二个逻辑量为 False 时，结果为 False，其余情况全为 True，简称"先真后假为假"。

2）运算符的优先级。在一个复杂的表达式中存在着多个运算符，Visual Basic 通过建立运算符的特定优先级来解决运算顺序的问题。优先级规则告诉 Visual Basic 在计算含有多个运算符的表达式时先进行哪个运算、后进行哪个运算。表 3-5 从高到低列出了运算符的运算次序（表中同级运算符按表达式中出现的次序从左向右进行求值）。

表 3-5　运算符优先级

运算符类型	运 算 符	优 先 级
算术运算符	()	由高到低
	^	
	−（负号）	
	*, /	
	Mod	
	+, −	
字符串连接运算符	+, &	
关系运算符	>, >=, <, <=, =, <>	
逻辑运算符	Not	
	And	
	Or, Xor	
	Eqv	
	Imp	

框架控件 Frame

框架用于为控件提供可标识的分组，将窗体上相同性质的控件放在框架中进行分组。框架和窗体一样可以看成是容器类控件，主要用于修饰界面。在框架内部的控件可以随框架一起移动和删除，并且受到框架控件某些属性（Visible、Enabled）的控制。

Frame 控件的常用属性如下。

（1）Caption 属性　此属性为框架的标题。如果 Caption 为空字符串，则框架为封闭的矩形框。

（2）Enabled 属性　此属性表示是否允许对框架内的对象进行操作，有两个取值，分别为：
True 表示允许对框架内的对象进行操作，默认设置。
False 表示不允许对框架内的对象进行操作，标题呈灰色，而框架中所有对象同时无效。

（3）Visible 属性　表示框架及其空控件是否可见，有两个取值，分别为：
True 表示框架及其控件可见。
False 表示框架及其控件被隐藏起来，不可见。

框架的使用方法如下。

1）要将控件放在框架容器中，可以直接在容器中画控件，也可以将事先画好的控件用"复制"和"粘贴"命令完成。

2）要检查控件是否在容器中，可以用鼠标拖动容器，观察控件是否随容器一起移动。

3）要同时选中容器中的多个控件，可以在按住 <Ctrl> 或 <Shift> 键的同时逐个单击其他所需控件。

任务 2　猜数游戏

利用 If-Then-ElseIf 语句，判断由程序调用 Rnd 函数随机生成一个 100 以内的整数与由用户输入的整数之间的大于、小于和等于关系。

任务情境

应用程序随机生成一个 100 以内的整数，由用户猜一猜这个数有多大。程序启动后，窗体提示用户单击"开始"按钮进入游戏，此时文本框处于不可编辑状态，"确认"按钮处于不可用状态，如图 3-4 所示。当用户单击"开始"状态后，窗体提示用户输入一个 100 以内的正整数，此时文本框处于编辑状态，"开始"按钮处于不可用状态，"确认"按钮处于可用状态，如图 3-5 所示。

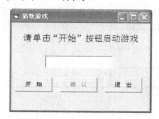

图 3-4　程序启动后窗体的状态

图 3-5　单击"开始"按钮后窗体的状态

当用户将猜想的数填到文本框中，单击"确定"按钮后，程序给出猜想的结果和猜想的次数；如果没有猜中，则程序将给出猜想的数与随机数相比较的大小关系，允许用户继续猜数，如图 3-6 和图 3-7 所示。

图 3-6　猜想的数小于随机数　　　　图 3-7　猜想的数大于随机数

如果猜中，则窗体提示用户答对了，进入初始状态，如图 3-8 所示。如果用户输入了非数字字符或空字符后单击"确认"按钮，则窗体提示输入错误，请用户重新输入，如图 3-9 所示。

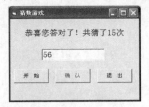

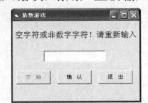

图 3-8　猜想的数等于随机数　　　　图 3-9　输入非数字字符或空字符

任务分析

本任务有 3 个关键点：一是猜想的数和随机数之间大于、小于和等于 3 种关系的判断，这也是本任务的重点，本程序采用了 If-Then-ElseIf 的结构处理多分支选择；二是随机数的产生，本程序调用了随机函数 Rnd 产生 100 以内的随机数；三是文本框输入的数据是字符型数据，本任务处理的数据是数值型数据，因此，需要调用转换函数 Val 将数字字符串转换成数字，以便与随机数进行比较。

任务实施

1）新建一个工程。

2）在窗体中添加 1 个标签控件 Label、1 个文本框控件 TextBox 和 3 个命令按钮控件 CommandButton，界面布局如图 3-4 所示。

在属性窗口中设置窗体的属性，见表 3-6。

表 3-6　在属性窗口中设置窗体的属性

控 件 名		属 性 名 称	属 性 值
窗体	Form	Caption	猜数游戏
标签	Label	Caption	请单击"开始"按钮启动游戏
文本框	TextBox1	Text	空
按钮	Command1	名称	Cmd1
		Caption	开始
	Command2	名称	Cmd2
		Caption	确认
	Command3	名称	Cmd3
		Caption	退出

3）在窗体上单击鼠标右键，在弹出的快捷菜单中，选择"查看代码"命令，弹出代码窗口，分别选定 Form 对象的 Load 事件、Cmd1 对象的 Click 事件、Cmd2 对象的 Click 事件和 Cmd3 对象的 Click 事件，在其中输入如下代码。

```vb
Dim r, s As Integer                                          '定义窗体级各模块共享的变量

Private Sub Cmd1_Click ()
    Label1. Caption = " 请输入一个 100 以内的正整数 "
    Randomize                                                '对随机数生成器做初始化的动作
    r = Int ((100 * Rnd) + 1)                                '随机生成 100 以内的正整数
    s = 1
    Text1. Locked = False                                    '设置文本框为可编辑状态
    Cmd1. Enabled = False
    Cmd2. Enabled = True
    Text1. Text = ""
    Text1. SetFocus                                          '设置文本框焦点
End Sub

Private Sub Cmd2_Click ()
    If Text1. Text = "" Or (Not IsNumeric (Text1. Text)) Then  'IsNumeric 函数判断是否为数字字符串
        Label1. Caption = " 空字符或非数字字符！请重新输入 "
        Text1. Text = ""                                     '清空文本框
    ElseIf Val (Text1. Text) > r Then                        'Val 函数将数字字符串转换成数字
        Label1. Caption = Text1. Text & " 大了，已猜了 " & s & " 次 "
        s = s + 1
        Text1. Text = ""
    ElseIf Val (Text1. Text) < r Then
        Label1. Caption = Text1. Text & " 小了，已猜了 " & s & " 次 "
        s = s + 1
        Text1. Text = ""
    Else
        Label1. Caption = " 恭喜您答对了！共猜了 " & s & " 次 "
        Text1. Locked = True
        Cmd1. Enabled = True
        Cmd2. Enabled = False
    End If
    Text1. SetFocus '设置文本框焦点
End Sub

Private Sub Cmd3_Click ()
    Unload Form1
End Sub

Private Sub Form_Load ()
    Label1. Caption = " 请单击"开始"按钮启动游戏 "
    Text1. Text = ""
    Cmd1. Enabled = True
    Cmd2. Enabled = False
End Sub
```

4）运行程序。

知识提炼

1. 多分支 If-Then-ElseIf 语句

语句形式：

```
If< 表达式 1> Then
    < 语句块 1>
ElseIf < 表达式 2> Then
    < 语句块 2>
        ……
ElseIf < 表达式 n> Then
    < 语句块 n>

[Else
        < 语句块 n+1> ]
End If
```

语句的功能是根据不同的条件确定执行不同的语句块。

< 表达式 i> 为真时，执行 < 语句块 i>

流程控制如图 3-10 所示。

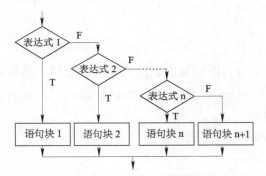

图 3-10　多分支 If-Then-ElseIf 语句控制结构

Visual Basic 中 If-Then-ElseIf 语句的条件表达式和语句块的个数没有限制。当选择的情况较多时，Visual Basic 提供了 Select Case 语句可以方便简洁地处理多分支的控制结构。

语句形式：

```
Select   Case < 测试表达式 >
      Case    < 表达式 1>
          < 语句块 1>
      Case    < 表达式 2>
          < 语句块 2>
          ……
      Case    < 表达式 n>
          < 语句块 n>
      [Case   Else
          < 语句块 n+1>]
End Select
```

语句的功能是根据不同的条件确定执行不同的语句块。

<表达式 i> 为真时，执行 <语句块 i>

流程控制如图 3-11 所示。

执行过程说明：

1）首先计算测试表达式的值。

2）然后用这个值与表达式 1、表达式 2、……表达式 n 的值相比较。

3）若与表达式 i 的值相匹配，则执行语句块 i；执行完语句块 i 后，则结束 Select Case 语句，不再与后面的表达式进行比较，开始执行 End Select 语句后面的语句。

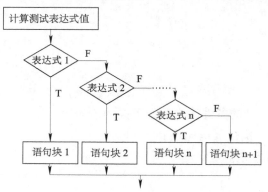

图 3-11　多分支 Select Case 语句控制结构

4）当测试表达式的值与后面所有的表达式都不匹配时，若有 Case Else 语句，则执行 Case Else 语句后面的语句块 n+1，然后结束 Select Case 语句；若没有 Case Else 语句，则直接结束 Select Case 语句。

Select Case 语句中的表达式写法有：

1）一个确定的值，例如：

　　　　Case　　1　　　　　　　　' 表示测试表达式的取值为 1

2）是表达式，例如：

　　　　Case　a+5　　　　　　　　' 表示测试表达式的取值为 a+5，a 的值必须是确定的

3）用逗号分隔的一组值，例如：

　　　　Case　1，3，5　　　　' 表示测试表达式在 1，3，5 中的取值

4）表达式 1 To 表达式 2，例如：

　　　　Case　20 To 30　　　' 表示测试表达式的取值在 20～30 之间

5）Is 关系表达式，例如：

　　　　Case　Is<5　　　　　' 表示测试表达式的取值在小于 5 的范围，Is 代表测试表达式的值

本任务中的 If-Then-ElseIf 语句可以用 Select Case 语句替换，具体将 Private Sub Cmd2_Click () 事件修改如下。

```
Private Sub Cmd2_Click ()
    If Text1. Text = "" Or (Not Is Numeric (Text1. Text)) Then    'IsNumeric 函数判断是否为数字字符串
```

```
        Label1. Caption = " 空字符或非数字字符！请重新输入 "
        Text1. Text = ""                                              '清空文本框
    Else

        Select Case r
          Case   Is<Val (Text1. Text)                     'Val 函数将数字字符串转换成数字
              Label1. Caption = Text1. Text & " 大了，已猜了 " & s & " 次 "
              s = s + 1
              Text1. Text = ""
          Case    Is>Val (Text1. Text)
              Label1. Caption = Text1. Text & " 小了，已猜了 " & s & " 次 "
              s = s + 1
              Text1. Text = ""
          Case Val (Text1. Text)
              Label1. Caption = " 恭喜您答对了！共猜了 " & s & " 次 "
              Text1. Locked = True
              Cmd1. Enabled = True
              Cmd2. Enabled = False
        End Select
    End If
    Text1. SetFocus                                             '设置文本框焦点
End Sub
```

比较两种语句的区别，Select Case 语句的结构清晰，可读性好，但要求多分支的条件
表达式应该是相同的，只是不同的值进入不同的分支；当根据不同的判断条件确定进入不同
的分支时，只能选择 If-Then-ElseIf 语句。

2. Rnd 函数

Rnd 函数返回一个小于 1 但大于或等于 0 的单精度的数。

语法

Rnd [(number)]

number 的值决定了 Rnd 生成随机数的方式，其取值见表 3-7。

表 3-7　Rnd 函数的参数取值

number 的取值	Rnd 的返回值
小于 0	每次都使用 number 作为随机数种子得到的相同结果
大于 0	序列中的下一个随机数
等于 0	最近生成的数
省略	序列中的下一个随机数

通常在调用 Rnd 之前，先使用无参数的 Randomize 语句初始化随机数生成器，该生成
器具有根据系统计时器得到的种子，然后调用省略 number 的 Rnd，就可以在每次调用 Rnd
时产生不同的随机数。

为了生成某个范围内的随机整数，可使用以下公式：

Int ((upperbound - lowerbound + 1) Rnd + lowerbound)

这里，upperbound 是随机数范围的上限，而 lowerbound 是随机数范围的下限。

例如，产生 1 ～ 100 的正整数：

Int ((100–1+1) Rnd+1)

化简后为：

Int (100 Rnd+1)

>> **注意**　若想得到重复的随机数序列，则可在使用具有数值参数的 Randomize 之前直接调用具有负参数值的 Rnd。使用具有同样 number 值的 Randomize 是不会得到重复的随机数序列的。

3．常用的字符串转换函数

通过文本框控件输入的数据是字符串类型的，而应用程序需要各种类型的数据。Visual Basic 提供了各种函数对数据进行转换，以满足各种需求。

1）Val 函数。Val 函数的功能是将包含数字的字符串转换为相应的数值。

语法：

```
Val (string)
```

>> **说明**　String 参数是一个包含数字的有效字符串，Val 函数在遇到不能识别为数字的第一个字符时停止转换。

例如：

Val（"123"）	转换为	123
Val（"12abc"）	转换为	12
Val（"a123"）	转换为	0

2）按照数据类型转换的函数。这是一组字符串转换函数，可以从名称上识别出转换的数据类型，每个函数都可以强制将一个表达式转换成某种特定数据类型。如：

CBool　　将有效的表达式转换为布尔型数据。

CInt　　　将有效的表达式转换为整型数据。

CStr　　　将有效的表达式转换为字符串数据。

更多的转换函数和使用方法请参阅 MSDN 的"类型转换函数"主题。

任务 3　九九乘法表

使用 For…Next 语句嵌套，产生九九乘法表。由外层循环控制行，内层循环控制列。

任务情境

运行任务后，在窗体显示九九乘法表。九九乘法表用下三角格式显示，要求每个乘法表达式的乘积个位数对齐，如图 3-12 所示。

图 3-12　九九乘法表

任务分析

本任务的九九乘法表由多个乘法表达式运算得到，而不是使用 Print 方法显示字符串常数的办法实现的。因此，使用循环嵌套，分别控制九九乘法表的行和列，利用循环变量实现表达式的计算，即第 i 行第 j，列的表达式的值为 "j*i"。任务要求下三角格式，而第 i 行的列的个数只有 i 列，因此，控制列循环的变量 j 的上限等于当前行的循环变量 i。如果不考虑界面的美观问题，则该任务的核心代码如下。

```
Private Sub Form_Click ()
    For i = 1 To 9                   '外层循环控制行，i 取值从 1 到 9，共 9 行
        For j = 1 To I               '内层循环控制列，j 取值从 1 到 i，表示第 i 行共有 i 列
            Form1. Print i * j & "   ";'第 i 行第 j 列窗体输出："j*i"
                                     '注意上面语句结尾的 "；" 符号，表示下一个窗体显示位置，控制
                                        一行上连续打印多列

        Next j
        Form1. Print                 '内层循环中 Print 语句的 "；" 符号，因此，当内层循环结束后需换行
    Next i
End Sub
```

运行效果如图 3-13 所示。

图 3-13　简单的九九乘法表

如果考虑界面的美观，则将上面的输出语句修改为：

```
    Form1. Print i & "*" & j & "=" & i*j & "   ";
```
这样就可输出如图 3-12 所示的效果，例如，第 5 行第 3 列的输出是 "5*3=15"。如果考虑乘积的对齐问题，则将输出语句修改如下，判断当乘积是一位数时，增加一个空格。

```
Form1. Print i & "*" & j & "=";
If i * j < 10 Then
    Form1. Print " ";                            '为了使结果对齐，当乘积为一位数时增加一个空格
End If
Form1. Print i * j & "   ";
```

任务实施

1)新建一个工程。

2)在属性窗口中设置窗体的属性,见表3-8。

表3-8　在属性窗口中设置窗体属性

属 性 名 称	属 性 值
Caption	九九乘法表

3)在窗体上单击鼠标右键,在弹出的快捷菜单中,选择"查看代码"命令,弹出代码窗口,在 Form 对象的 Click 事件中输入如下代码。

```
Private Sub Form_Click ()
    Form1. Print Tab (30); " 九九乘法表 "
    Form1. Print Tab (30); "----------"
    For i = 1 To 9
        Form1. Print Tab (2);
        For j = 1 To i
            Form1. Print i & "*" & j & "=";
            If i * j < 10 Then
                Form1. Print " ";                    '为了使结果对齐,当乘积为一位数时增加一个空格
            End If
            Form1. Print i * j & "  ";
        Next j
        Form1. Print
    Next i
End Sub
```

4)运行程序。

如果希望在九九乘法表中显示表格,则在 Form 对象的 Click 事件中输入如下代码。

```
─│┌┐└┘├┤┬┴┼                              字符界面下的表格符号
Private Sub Form_Click ()
    Form1. Print Tab (30); " 九九乘法表 "
    Form1. Print Tab (30); "----------"
    Form1. Print " ┌────┐ "                      '输出表格第一行横线
    For i = 1 To 9
        Form1. Print "│";
        For j = 1 To i
            Form1. Print j & "x" & i & "=";
            If i * j < 10 Then
                Form1. Print " ";                  '为了使结果对齐,当积为一位数时增加一个空格
            End If
            Form1. Print i * j & "│";
        Next j
        Form1. Print
        If i < 9 Then                              '该 If-Else 块输出表格的第一列竖线
            Form1. Print "├";
        Else
            Form1. Print "└";
        End If
        For j = 1 To i + 1
```

```
        If i < 9 Then
          If j = i + 1 Then              ' 该 If-Else 块输出表格的第二行到第九行横线
            Form1. Print "——┐";
          Else
            Form1. Print "——┼";
          End If
        Else
          If j < i Then                  ' 该 If-Else 块输出表格的第十行横线
            Form1. Print "——┘";
          ElseIf j = i Then
            Form1. Print "——┘";
          End If
        End If
      Next j
      Form1. Print
    Next i
End Sub
```

运行效果如图 3-14 所示。

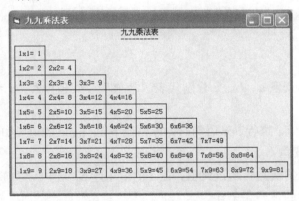

图 3-14 带表格线的九九乘法表

知识提炼

所谓循环，就是重复地执行某些操作。在程序设计中，表现为从某处开始规律地反复执行某一程序块，重复执行的程序块称为"循环体"。Visual Basic 的循环结构及相应语句表示如下。

循环结构 ── 计数型循环 ── For…Next 语句
        └─ 条件型循环 ┬ While…Wend 语句
                    └ Do…Loop 语句

在知道要执行多少次时最好用 For…Next 循环结构。下面讲解此结构。

1. 格式

```
For  <循环变量>=<初值>  To  <终值>  [Step <增量>]
      [<循环体1>]
```

模块 3 程序设计基础

```
                    [<Exit For>]
                    [< 循环体 2>]
           Next     [< 循环变量 >]
```

其中：

1）"循环变量"用作循环计数器的数值型变量，"初值""终值"均是数值表达式，用于表示循环变量的变动范围。

2）"步长"也是一个数值表达式，其值可以是正数（递增循环），也可以是负数（递减循环），但不能为 0。若步长为 1，可略去不写。

3）循环次数 =INT ((终值 - 初值)/ 步长)+1。

4）"Exit For"是中途退出循环，一般与 If 语句联用。

2．功能

重复执行 For 和 Next 之间的循环体，执行的次数由循环变量来控制。该语句主要用于已知循环次数的循环控制。

3．执行过程

设有以下循环结构：

```
For i=a To b  Step c
    < 循环体 >
Next i
```

其中：i 代表循环变量 a、b、c 分别代表"初值""终值"和"步长"。

则执行过程是：

1）循环变量赋初值。执行 For 语句时，首先记下 a、b、c 的值（如为表达式则先计算），并将初值 a 赋给循环变量 i。

2）判断循环变量的值是否超过终值，若 i 的值未超过终值 b，则转 3），如超过则退出循环，执行 Next 语句的下一条语句。

3）依次执行循环体内各语句。

4）执行 Next 语句，计数器（循环）变量按增量递增，即 i 按步长 c 增值，i+c → i。

5）返回到 2）继续执行，重复 2）～ 4）步骤。

循环控制流程如图 3-15 所示。

例 3-1　输出如图 3-16 所示的图形。

分析：从图 3-16 可以看出，图中第 i 行的"▲"符号有 i 个。如果以最左边的"▲"符号为标准，则第 i 行"▲"符号左边的空格有 6-i 个，因此，第 i 行应该先输出 6-i 个空格，然后输出 i 个"▲"符号。使用 Tab（10-i）或 Spc（10-i）控制空格的个数，式中取 10 是相对于窗体的距离，使用函数 String（i," ▲ "）输出 i 个"▲"符号，函数 String 中第二个符号表示要输出的符号，第一个数表示重复输出符号的个数。程序代码为：

```
Private Sub Form_Click ()
    For i = 1 To 6
        Print Tab (10 - i); String (i," ▲ ");
    Next i
End Sub
```

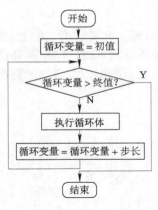

图 3-15　步长为正数的 For…Next 循环控制流程图

图 3-16　符号图形

条件型循环

在很多情况下并不知道循环的次数，Visual Basic 提供了条件控制的循环结构，相应语句为 While…Wend 和 Do…Loop。

1. 当循环语句（While…Wend）

1）格式。

```
While  ＜条件表达式＞
    [＜循环体＞]
Wend
```

2）功能。当条件表达式的值为 True 时，重复执行循环体；为 False 时，跳出循环，执行 Wend 语句的下一条语句。

3）必须先给 While 条件中的变量赋值即初始化，在循环体中要有能改变循环条件值的语句，让循环条件表达式最终取 False 值，结束循环，否则有可能造成死循环。循环控制流程图如图 3-17 所示。

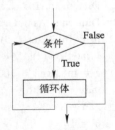

图 3-17　While…Wend 控制流程图

例 3-2　用 While…Wend 语句求 1+2+3+…+100 的值。

>> **分析**　　While…Wend 循环条件的初始化必须在 While 语句前，不能写在 While 语句中。当条件为 True 时，执行循环体，因此，构造一个累加器 s=s+i，将 i 作为控制循环的变量，当 i 小于等于 100 时，继续累加，否则结束循环；在循环体中，修改 i 的值，使其每次加 1。程序代码为：

```
Private Sub Form_Click ()
Dim s, i As Integer
s = 0: i = 1                                      '循环初始化
While i <= 100
    s = s + i                                    '累加器
    i = i + 1                                    '改变条件中的变量 i 的值
Wend
Print Tab (20); "s=" & s
End Sub
```

2．Do 循环语句（Do…Loop）

Do…Loop 循环结构较为灵活，有当型（即 While 型）和直到型（即 Until）两种结构，当型结构是条件为真时，执行循环体；直到型结构是条件为真时，结束循环体。根据测试条件在循环体的先后，又分为先判断后执行型和先执行后判断型，二者的区别在于：前者循环体有可能一次也不执行，而后者循环体至少执行一次。

具体格式如下：

1）Do While…Loop。

```
Do While <循环条件>
    [< 循环体 1>]
    [<Exit  Do>]
    [< 循环体 2>]
Loop
```

循环控制流程图如图 3-18 所示，属于当型的先判断后执行结构。

例 3-3　由系统产生 m 个 1～100 之间的随机数，求出其中的最大值、最小值和平均值，m 是 2～10 以内的随机数。

>> **分析**　　　Do While…Loop 语句与 While…Wend 语句的结构基本一致，在产生一个随机数时，首先与最大数进行比较，如果大于最大数，则是新的最大数，否则再与最小数比较，如果小于最小数，则是新的最小数。程序代码为：

```
Private Sub Form_Click ()
    Randomize
    Dim m, n, r, i, max, min As Integer
    Dim sum As Integer, ave As Single
    m = Int (Rnd * 9) + 2                       '产生 2～10 之间的随机数
    Print Spc (2); "共有 " & m & " 个数："
    r = Int (Rnd * 100) + 1                     '产生 1～100 之间的随机数
    max = r                                         '将第一个随机数设为最大数
    min = r                                         '将第一个随机数设为最小数
    n = 1                                           '已产生一个数
    sum = r                                     '求和
    Print Spc (2); r;                          '输出第一个数
    Do While n < m
        r = Int (Rnd * 100) + 1
        If r > max Then
            max = r                            '新的随机数 r 大于 max，则 r 替换 max
        ElseIf r < min Then
            min = r                            '新的随机数 r 小于 min，则 r 替换 min
        End If
        sum = sum + r                          '求和
        Print Spc (2); r;
        n = n + 1                              '计算已产生的随机数总数
    Loop
    ave = sum / n                              '求平均值
    Print
```

```
        Print  Spc  (2);  " 最大值是： " & max
        Print  Spc  (2);  " 最小值是： " & min
        Print  Spc  (2);  " 平均值是： " & ave
End  Sub
```

2）Do…Loop While。

```
Do
    [< 循环体 1>]
    [<Exit   Do>]
    [< 循环体 2>]
Loop While ＜循环条件＞]
```

循环控制流程图如图 3-19 所示，属于当型的先执行后判断结构。

例 3-4　产生一个 1 ～ 100 之间的随机整数，编程判断是否为素数。

>> 分析　　　素数是只能被 1 和它本身整除的数，由数学知识可知，只要判断该整数 n 能否被 2 ～ sqr (n) 中的任何一个数整除，如果都不能，则该数为素数。

程序代码为：

```
Private Sub Form_Click ()
    Randomize
    Dim n     As  Integer
    Dim i     As  Integer
    n = Int (Rnd * 100) + 1
    i = 2
    Do While i <= Int (Sqr (n))
        If n Mod i = 0 Then Exit Do
        i = i + 1
    Loop
    If i = Int (Sqr (n)) + 1 Then
        Print n; " 是素数 "
    Else
        Print n; " 不是素数 "
    End If
End Sub
```

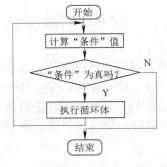 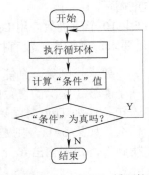

图 3-18　Do While…Loop 循环控制流程图　　图 3-19　Do…Loop While 循环控制流程图

3）Do Until…Loop 。

```
Do Until <循环条件>]
    [<循环体 1>]
    [<Exit Do>]
    [<循环体 2>]
Loop
```

循环控制流程图如图 3-20 所示，属于直到型的先判断后执行结构。注意：该结构中条件为 True 时结束循环。

例 3-5　用欧几里德辗转法求正整数 m、n（m、n 不为 0）的最大公约数。

分析　欧几里德辗转法是将 m、n 中的大数 m 作为被除数，小数 n 作为除数，相除后余数为 r。若 r≠0，则把除数变为被除数，余数作为除数，即 n→m，r→n，再求新的余数，直到 r=0。最后的除数 n 就是最大公约数。程序代码为：

```
Private Sub Form_Click ()
    Randomize
    Dim m, n, r, t As Integer
    m = Int (Rnd * 100) + 1
    n = Int (Rnd * 100) + 1
    Print Spc (2); "m=" & m; Spc (2); "n=" & n
                        '为了保证 Mod 运算，必须保证 m>=n。当 m<n 时，交换 m 和 n 的值
    If m < n Then t = m: m = n: n = t
    r = m Mod n
    Do Until r = 0
        m = n
        n = r
        r = m Mod n
    Loop
    Print " 最大公约数为：", n
End Sub
```

4）Do…Loop Until。

```
Do
    [<循环体 1>]
    [<Exit Do>]
    [<循环体 2>]
Loop Until <循环条件>]
```

循环控制流程图如图 3-21 所示，属于直到型的先判断后执行结构。注意：该结构中条件为 True 时结束循环。

例 3-6　产生 10 个随机数，用 Do Until…Loop 语句找出第一个能被 3 整除的奇数，如果没有一个满足要求，则输出"没有找到"。

分析　要求找到第一个能被 3 整除的奇数，不需要继续查询，因此，在找出第一个能被 3 整除的奇数的时候使用 Exit Do 语句结束循环；Do…Loop Until 语句条件为 True 时结束循环，当结束循环时，需要知道结束循环的原因是什么。如果 n=11，则是因为 10 个数中没有一个满足条件，所以输出"没有找到"，否则输出 n。代码如下：

```
Private Sub Form_Click ()
    Randomize
```

```
    Dim n    As Integer
    Dim i    As Integer
    i = 1
    Do
        n = Int (Rnd * 100) + 1
        Print n; Spc (2);
        If n Mod 3 = 0 And n Mod 2 <> 0 Then Exit Do
        i = i + 1
    Loop Until i > 10
    Print
    If i = 11 Then
        Print "10 个数中没有找到能被 3 整除的奇数 "
    Else
        Print "10 个数中第一个能被 3 整除的奇数 : " & n
    End If
End Sub
```

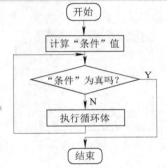　　　　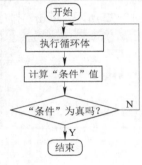

图 3-20　Do Until…Loop 循环控制流程图　　　图 3-21　Do…Loop Until 循环控制流程图

多重循环

多重循环就是指循环嵌套，即在一个循环体内包含另一个或多个完整的循环结构。例如，可以在 For 循环中包含 While 循环、Do 循环或 For 循环。在多重循环中，外面的大循环称为外层循环，里面的小循环称为内层循环。

循环嵌套，应注意以下问题。

1）内层循环一定要包含在外层循环内。

2）内、外层循环不能交叉使用。

3）各层循环的控制变量名应不相同，以免造成混乱。

4）外层循环变量取值一次，内层循环变量取值一遍。

5）内层循环体内的变量取初值，一般应放在内循环之前，外层循环之内，如下例的 i。

例如，在窗体上显示九九乘法表。

```
For i=1 to 9
    For j=1 to i
        Print i & "*"& j & "="& i*j & " ";
    Next j
    Print
Next i
```

任务4 排序

利用数组的下标变量表示一组在逻辑上有联系的数据,通过循环控制结构对下标变量进行操作,可以使应用程序的结构更加简洁,效率更高。

任务情境

在生产、生活实践中,经常要在大量数据中查询特定的数据。如果是一组无序的数据集合,则查询过程需要耗费大量的人力、物力,而在有序的数据集合中查询特定的数据,效率就会大大提高。因此,在对数据集合进行查询时,往往需要对数据集合进行排序,以便快速准确地查询。

本任务利用数组和循环控制结构对一组数据进行排序。启动程序后,窗体屏幕显示出 10 个随机数据,如图 3-22 所示,单击“排序”按钮,窗体屏幕显示出排序后的数据,如图 3-23 所示。

图 3-22 窗体启动后屏幕显示的信息   图 3-23 单击窗体后屏幕显示的信息

任务分析

排序程序的设计有许多经典的算法,“冒泡排序”算法在程序设计的思路和程序结构方面是其中最典型的算法。该算法的基本思路是:n 个数,从第一个数开始,对所有的数进行扫描。扫描到某个数时,找出其后面的所有数中最小的数,然后将这个最小的数与其交换位置。最后一个数后面没有数,因此,扫描的次数是 n-1;每次扫描都会把剩余数中的最小数交换到前面,就像水中的“气泡”一样,“轻”的上升,“重”的下降,故称为“冒泡排序”。

“冒泡排序”涉及的知识点有:

1)用数组表示一组在位置上有顺序的数,因为数组元素的下标就是表示元素位置上的顺序。

2)用循环控制结构扫描前 n-1 个数。

3)当扫描到第 i 个数时,在从 i 开始到 n 结束的剩余数中,用内层循环进行查找最小数的操作。

4)数据交换,变量的值交换,通常是使用中间变量进行的,如 x 和 y 通过 b 进行值交换的操作是:

b=x:x=y:y=b

即先把 x 变量的值保存到 b 中,然后 x 接收 y 变量的值,最后 y 接收 x 保存到 b 变量中的值。

任务实施

1）新建一个工程。

2）在窗体上添加 2 个框架控件 Frame，分别在每个框架控件中添加 1 个标签控件 Label，最后添加 2 个命令按钮控件 Command Button，布局如图 3-22 所示。

在属性窗口中设置窗体、控件的属性见表 3-9。

表 3-9　在属性窗口中设置属性

控 件 名		属 性 名 称	属 性 值
标签	Label1	Caption	空
	Label2	Caption	空
框架	Frame1	Caption	排序前
	Frame2	Caption	排序后
按钮	Command1	Caption	排序
	Command2	Caption	退出

3）在窗体上单击鼠标右键，在弹出的快捷菜单中，选择"查看代码"命令，弹出代码窗口，在代码窗口中输入如下代码。

```
Option Base 1
Dim a (10) As Integer
Dim s As String
Private Sub Form_Load ()                     '产生 10 个随机数，并在屏幕上输出
    Randomize                                '对随机数生成器做初始化的动作
    For i = 1 To 10
        a (i) = Int ((100 * Rnd) + 1)
        s = s & "  " & a (i)
    Next i
    Label1. Caption = s
End Sub
Private Sub Command1_Click ()
    Dim i, j, min, t As Integer
    For i = 1 To 9
        min = i
        For j = i + 1 To 10
            If a (j) < a (min) Then min = j
        Next j
        t = a (i): a (i) = a (min): a (min) = t
    Next i
    s = ""
    For i = 1 To 10
        s = s & "  " & a (i)
    Next i
    Label2. Caption = s
End Sub
Private Sub Command2_Click ()
    Unload Form1
End Sub
```

4）运行程序。

知识提炼

变量的作用是存储一个基本的不可再分割的数据，如一个整数、一串字符等。如果要处理一组庞大的、在逻辑上有联系的数据，则使用简单变量会使应用程序臃肿不堪，例如，要处理一个工厂的所有职工工资数据。在实际应用中，人们常用一组具有相同名字、不同下标的变量来代表一组具有相同性质的数据，可以更方便、清楚地表示它们之间的关系，同时更便于计算机处理和编程。

1．数组与数组元素

人们把具有同一个名字、相同数据类型、不同下标的一组变量称为数组。数组中的每一个元素称为数组元素，它是由数组名和带圆括号的下标组成的。数组用于保存大量的逻辑上有联系的相同数据类型的数据。

例如，一个班级有 30 名学生，用数组 stu 来表示这 30 个学生的某门成绩，stu(1) 表示序号为 1 的学生的成绩，stu(2) 表示序号为 2 的学生的成绩，以此类推。

1）数组名的取名规则。和简单变量相同，如 AI、BI、TZ 均可作数组名，在同一过程中数组名不应与简单变量名相同。

2）数组下标。在 Visual Basic 中必须把下标放在一对紧跟在数组名后的圆括号中，不能把下标变量 S(7) 写成 S7，后者是一个普通的 Visual Basic 变量名。下标必须为等于或大于零的整数，否则舍去小数部分自动取整。

下标的作用是指出某个数组元素在数组中的位置，Stu(7) 代表了 Stu 数组中的第七个数组元素。

下标的最小值称为下标下界，最大值称为下标上界。由下标的上下界可以确定数组中元素的个数。数组元素的个数称为数组的大小。

3）数组的特点。数据中的元素在类型上是一致的。数组元素在内存空间上是连续存放的。

2．数组的数据类型

数组的数据类型与一般变量类型一样，如单精度、双精度、整数、字符串等。

数组是同类数据的集合，因此，数组中的所有数组元素应具有相同的数据类型，但如果数组类型是 variant，则数组元素可以是不同的数据类型。

3．数组的维数

只有一个下标的数组称为一维数组，其数组元素称为单下标变量，下标又称为索引。有两个下标的数组称为二维数组，其数组元素称为双下标变量。

Visual Basic 中至多可以使用 16 维的数组。

4．数组的形式

Visual Basic 中有两种类型的数组：静态数组和动态数组。

数组必须先声明才可以使用。声明时要指定数组的类型与数组名。

如果数组在声明时指定了下标的上、下界，则称为静态数组，如 Dim B(1 to 5)，这样的数组一旦定义，它的大小是不能改变的。

静态数组的名称、维数、类型与元素个数都是在声明时确定的。

（1）静态数组的定义　数组也分为全局的（应用程序级）、模块级的或局部的（过程级），声明方法如下。

1）全局数组。在标准模块的声明部分使用 Public 语句声明，可以在应用程序的所有模块中对其元素进行存取的数组。

Public 数组名（下界 to 上界）[As 类型名]

>> **注意** ｜ 不能在窗体模块与类模块中声明全局数组。

2）模块级数组。在模块的声明部分使用 Private 或 Dim 语句（二者等价）声明，模块级数组只在声明它的模块中可用。

Private|Dim 数组名（下界 to 上界）[As 类型名]

3）过程级数组。在过程中使用 Dim 或 Static 语句声明，只能在本过程中使用。

Dim|Static 数组名 (n) [As 类型名]

使用 Static 声明的是静态数组，在过程的两次执行之间，它的所有元素的值均被保留。上面语法中的"n"确定了数组的维数和每一维的下标的上、下界。

定义数组时，数组的下界可以省略，这时关键字 to 也可省略，系统默认下界为 0。不省略时，需注意上界不能超过 Long 数据类型的范围，而且数组的上界必须大于等于下界。

括号中的上、下界必须是顺序类型，通常为 Integer。

格式：

定义一维数组的格式为：

Public ｜ Private ｜ Dim ｜ Static <数组名> (<下标上界>) [As <数据类型>]

定义二维数组的格式为：

Public ｜ Private ｜ Dim ｜ Static <数组名> (<上界1>，<上界2>) [As <数据类型>]

示例：

Dim　a (10)　As　Integer　'定义了 a (0)···a (10) 共 11 个数组元素

Dim　b (2, 3)　As　String　　'定义了 b (0, 0)···b (2, 3) 共 12 个数组元素

>> **说明** ｜ 1）每一维的下标下界值从 0 算起，若要改变下界值则可使用 Option Base 语句。即可在窗体或标准模块中，定义数组前将数组下标的默认值下界设置为 1。

Option Base 的语句格式是：

Option Base 1

2）数组一旦定义，就可使用其数组元素，但下标不能超过定义时规定的范围。

3）下标值为长整型，取值范围为（−2 147 483 648 ～ 2 147 483 647）。

4）若默认 As <数据类型>，则默认值为变体型（variant）。

（2）静态数组的使用　要访问数组元素，其格式为：数组名（下标）。

访问数组元素时的下标值必须在所定义的上、下界范围内，否则将导致越界错误。

数组的常见操作是数组元素的遍历，利用 For 循环的循环变量和数组元素的下标之间的联系可以很好地处理这类操作。常采用 For 循环结构和赋值语句或 InputBox 函数完成数组输入，采用 For 循环结构和 Print 方法实现数组输出。

例 3-7　将某班级 30 名学生的姓名用数组存储，并输出显示，其中下界为 1。

```
Option Base 1
Dim i As Integer
Dim names (10) As String    '定义大小为 10 的字符串数组

Private Sub Form_Click ()
    For i = 1 To 10
        names (i) = InputBox ("请输入第 " & i & " 个学生姓名：", "文本框 ")
    Next i
    For i = 1 To 10
        Print i & ":" & names (i)
    Next i
End Sub
```

（3）动态数组　　动态数组是指数组的维数和类型是固定的，但声明时不指定下标上、下界（每维的上、下界可以变化）的数组称为动态数组。

动态数组是在程序运行过程中定义的，其大小可以由用户指定，也可以由用户在程序中添加的逻辑根据特定条件来决定。定义动态数组需要好几个步骤，数组的大小直至程序运行时才可以确定，因此，需要在设计程序时就"预订"好该数组，其基本步骤如下。

1）在设计阶段，在程序中规定数组的名称和类型，但不能指定数组元素的个数。例如，为创建一个名为 Names 的公用动态数组，应编写如下语句。

Public Names ( ) as String

2）在程序运行过程中添加代码以确定数组应包含的元素个数。

使用 ReDim 语句重新定义该数组的大小。例如，下面的语句在程序运行过程中使用随机数 r 设定 Names 数组的大小。

ReDim Names (r)

例 3-8　使用数组，产生一个 10 ～ 1 000 000 的随机数，统计其中包含数字 5 的个数。

分析　　考虑将随机数的每一位数字存放到数组元素中，但问题中不能确定随机数的位数，因此，在设计时不好确定数组的大小，所以采用动态数组。在运行中随着随机数位数的确定，临时改变数组的大小。代码如下：

```
Private Sub Form_Click ()
    Dim n As Long
    Dim a (), i, m As Integer
    Randomize
    n = Int ((999991 * Rnd) + 10)                   '10 ～ 1 000 000 之间的随机数
    Print Tab (10); n;
    i = 0
    Do
        ReDim a (i)                                 ' 重新定义 a 数组的大小
```

```
        a (i) = n Mod 10                        ' 将 n 的个位数存放到 a（i）中
        If a (i) = 5 Then m = m + 1             ' 累计数字 5 的个数
        n = n \ 10                             ' 将 n 的位数降一位
        i = i + 1
    Loop While n <> 0                          ' 经过降位后的 n 是否为 0
    Print Spc (2); m
End Sub
```

任务 5　简易计算器

利用控件数组、函数、子工程等 Visual Basic 语言要素，简化程序的结构，增强程序的可读性，使程序更易于维护。

任务情境

电子计算器是人们日常生活中不可或缺的一个计算工具，Windows 操作系统在附件中就带有一个计算器小程序，方便用户进行日常的数学计算。本任务设计了一个简易计算器，能够进行简单的有理数加、减、乘、除运算，在输入和运算过程中发生意外和错误时，具有清除功能，如图 3-24 所示。

图 3-24　简易计算器

任务分析

首先将按钮按照功能进行分类，有数字按钮、运算符按钮（加、减、乘、除键）、运算按钮（=）、符号按钮和清除按钮。

对于数字按钮，功能为数字的输入，将按顺序输入的数字组合成一个数显示到文本框内。由于 10 个数字按钮有相同的操作，所以可以将 10 个数字按钮处理成控件数组，简化程序的结构，同时把数字按钮的 Caption 属性的值作为输入内容，进一步提高程序的效率。在数字按钮的 Click 事件中完成这些操作。

Text1. Text = Text1. Text + Command (Index). Caption

式中 Index 为按钮控件数组的下标。

算术运算都是双目运算，所以单击运算符按钮后需要完成的不是运算而是输入下一个运算量。因此，运算符按钮的功能是记录第一个数和记录要进行的运算。4 个运算符按钮具有相同的操作，故也处理成控件数组。

运算按钮（=）是计算器的核心控件。当单击运算按钮后，根据已记录的运算符进入不同的分支，将已记录的第一个运算量与文本框当前的内容进行转换和运算，并将结果显示在文本框中。为了使程序的功能结构清晰，把运算过程设计成函数，接收输入数字字符串进行运算返回结果字符串，在运算按钮的 Click 事件中调用该函数。

另一个难点是符号按钮，其作用是输入负数。操作过程分 3 种情形：从负号开始输入数字，在文本框当前的正数前加负号（正变负），去掉文本框当前的负数的负号（负变正）。前两种情况较为简单，直接处理成 "-" 字符与文本框当前的字符串连接即可，最后一种需要使用截取字符串的函数，去掉负号。如下面的程序段所示。

```
t = Len (Text1. Text)
If Left (Text1. Text, 1) = "-" Then
    Text1. Text = Right (Text1. Text, t - 1)
Else
    Text1. Text = "-" & Text1. Text
End If
```

其中 Len 为计算字符串长度的函数，Left (Text1. Text，1) 的含义是从 Text1. Text 字符串的左边截取长度为 1 的字符串，Right (Text1. Text，t-1) 的含义是从 Text1. Text 字符串的右边截取长度为 t-1 的字符串。

任务实施

1）新建一个工程。

2）添加含有 10 个数字按钮的控件数组。具体操作是添加一个按钮，将其"名称"属性设置为"CmdNum"，调整其尺寸为适当大小；然后在该控件上单击鼠标右键，在弹出的快捷菜单中选择"复制"命令，之后就可以使用"粘贴"命令，添加其余的 9 个控件。在第一次添加时会弹出如图 3-25 所示的对话框，单击"是"按钮即可。最后将 10 个按钮的 Caption 属性设置成相应的数字，放置到适当的位置。

图 3-25　确认创建控件数组对话框

3）按照步骤 2）创建含有 4 个运算符的控件数组。控件数组"名称"为 CmdOp，每个控件的 Caption 设置成相应的运算符。

4）添加其余控件，并在属性窗口中设置属性，见表 3-10。

表 3-10　在属性窗口中设置窗体属性

	控 件 名	属 性 名 称	属 性 值
窗体	Form	Caption	简易计算器
文本框	Text1	Text	0
		名称	TxtShow
按钮	Command1	Caption	=
		名称	ComEq
	Command2	Caption	C
		名称	CmdClr
	Command3	Caption	+/−
		名称	CmdExpr

5）在窗体上单击鼠标右键，在弹出的快捷菜单中，选择"查看代码"命令，弹出代码窗口，输入如下代码。

```
Dim op As String                                    '记录运算符
Dim opd As String                                   '记录第一运算量
Dim b As Integer                                    '标志是否按下"="键
Private Sub CmdClr_Click ()
   TxtShow. Text = ""
End Sub
Private Sub CmdExpr_Click ()
   Minus TxtShow
End Sub
Private Sub CmdNum_Click (Index As Integer)
   If TxtShow. Text = "0" Or b = -1 Then
      TxtShow. Text = ""
      b = 0
   End If
   TxtShow. Text = TxtShow. Text + CmdNum (Index). Caption
End Sub
Private Sub CmdOp_Click (Index As Integer)
   If op = "" Then                                  '运算符连续按多次，只是第一次起作用
      opd = TxtShow. Text                           '记录第一运算量
      TxtShow. Text = ""
      op = CmdOp (Index). Caption                   '记录运算符
   End If
End Sub
Private Sub ComEq_Click ()
   TxtShow. Text = Operater (TxtShow. Text)
   b = -1
   op = ""
End Sub

Private Function Operater (s As String) As String
   Dim Value As Variant
   If op <> "" Then
      Select Case op
         Case "/"
               If Val (s) <> 0 Then
                  Value = Val (opd) / (Val (s))
               Else
                  MsgBox " 除数不能是 0", 0 + 48, " 警告 "
               End If
         Case "*"
               Value = Val (opd) * (Val (s))
         Case "+"
               Value = Val (opd) + (Val (s))
         Case "-"
               Value = Val (opd) - (Val (s))
      End Select
   End If
   Operater = str (Value)
End Function

Private Sub Minus (Txt As Object)
```

```
        Dim t As Integer
        If Txt. Text = "0" Or b = -1 Then
            Txt. Text = ""
            b = 0
        End If
        t = Len (Txt. Text)
        If Left (Txt. Text, 1) = "-" Then
            Txt. Text = Right (Txt. Text, t - 1)
        Else
            Txt. Text = "-" & Txt. Text
        End If
End Sub
```

6）运行程序。

知识提炼

1．控件数组

控件数组是由具有相同名称和类型并具有相同事件过程的一组控件构成。每个控件数组至少有 1 个元素，最多可有 32 767 个元素。第一个下标也是 0。

（1）控件数组的应用　在程序设计中，使用控件数组添加控件所消耗的资源比直接向窗体添加多个相同类型的控件消耗的资源少，而且当希望若干个控件共享代码时，控件数组也很有用。例如：

```
Private Sub cmdGroup_Click（Index As Integer）
                                              'Index 为引发该事件的按钮值
    Select Case Index
        Case 0
            ……                              ' 按第一个按钮时执行的代码
        Case 1
            ……                              ' 按第二个按钮时执行的代码
    End Select
End Sub
```

（2）控件数组的创建　一般采用在设计时通过复制现有的控件来创建控件数组。注意：一是在复制前，应把被复制的控件公共属性设置好，如名称、大小等；二是在粘贴第一个控件时会弹出对话框要求确认，单击"确认"按钮即可。

另一种在设计时创建控件数组的办法是在添加好一组同种控件后，将其"名称"属性改成相同的名称即可。

2．过程

Visual Basic 中有两类过程：事件过程和通用过程。事件过程是对发生的事件进行处理的代码。

在 Visual Basic 中可使用下列几种过程：

Function 过程（返回值）

Sub 过程（不返回值）

1）函数过程（Function 过程）。函数过程是标准模块中位于 Function 语句与 End

Function 语句之间的一系列语句。函数中的这些语句完成某些操作，一般是处理文本、进行输入或计算一个值。通过将函数名和必要的参数一起置于一条程序语句中，可以执行或调用该函数。即使用函数过程与使用内置函数（比如，Time、Int 或 Str 等）的方法完全相同。

> **提示** 在标准模块中声明的函数在默认状态下是公用函数，它们可在任何事件过程中使用。

函数的基本语法为：

Function 函数名（[参数列表]）[As 数据类型]

　　　　函数体

End Function

注意：函数可以有一个类型。

下列语法成份十分重要：

"函数名"是在模块中要创建函数的函数名称。

"参数列表"为可选项，由函数中用到的一系列参数组成（参数之间用逗号隔开）。

"As 数据类型"为可选项，用于指定函数返回值的数据类型（默认类型为变体类型）。

"函数体"是完成函数功能的一组语句。

函数总是用"函数名"返回给调用过程一个值。因此，函数中的最后一行语句往往是将函数的最终计算结果放入"函数名"中的赋值语句。

例 3-9 使用函数过程 Add 计算两个参数的和，然后将结果返回。

> **分析** 根据题意，定义函数时，要定义两个参数，同时要定义返回值的类型。在调用函数时要送入两个参数，同时用变量接收返回值。代码如下。

```
Function add (a As Integer, b As Integer) As Integer
    Dim c As Integer
    c = a + b
    add = c
End Function

Private Sub Command1_Click ()
    Dim sum As Integer
    sum = add (18, 23)
    Label1. Caption = CStr (sum)
End Sub
```

代码中语句 add=c 表示通过函数名返回结果 c。语句 sum=add（18，23）表示函数的调用过程，用变量 sum 接收了返回值。

当使用函数时，代码结构会变得十分清晰。

2）Sub 过程。子过程类似于用户自定义函数，不同之处是子过程不返回与其名称相关联的值，而是采用参数的办法返回多个值。子过程一般用来从用户那里得到输入数据、显示或打印信息或者操纵与某一条件相关的几种属性。子过程也用来在过程调用中处理和返回数个变量。大多数函数只能返回唯一一个值，但子过程却能够返回多个值。

子过程的基本语法为：

```
Sub 过程名（[ 参数列表 ]）
    过程体
End Sub
```

"过程名"是定义子过程的名称。

"参数列表"是一系列可选的，可在该子过程中使用的参数（如果不止一个参数，则由逗号分开）。

"过程体"是完成该过程工作的一组语句。

在过程调用中，送入子过程的参数个数和类型必须与子过程声明语句中参数的个数和类型相符。如果传递到子过程的变量在过程中被修改，则更新后的变量被返回给程序。在默认状态下，在一个标准模块中声明的子过程是公用的，因此，能够被任何事件过程调用。

3）参数传递。参数是指传递到过程中的数据。在调用过程时，需要将过程运行时的环境信息和要处理的数据传递给过程，称为参数传递。

根据数据参数的作用不同，可以将参数分为形式参数和实际参数。在过程定义时，过程名后面圆括号中的参数是形式参数，在过程调用时，过程名后面圆括号中的参数是实际参数。

根据在调用过程时，对形式参数值的改变是否影响实际参数的值，可以将参数传递分为引用传递和值传递。引用传递是指形式参数的值改变后，实际参数也跟着改变；值传递是指形式参数的值改变后，实际参数不会改变。默认情况，实际参数是变量时为引用传递，将常量或表达式传递给过程是值传递，因为值无法被过程修改。也可以使用关键字 ByRef 和 ByVal 强制改变变量的传递模式，ByRef 定义的参数为引用传递，ByVal 定义的参数为值传递。

下面的子过程演示了参数传递的几种情况，在定义过程时形式参数 a 指定为值传递，形式参数 b、c 为默认的引用传递。在调用时变量 x 对应的形式参数是 a，但由于 a 被定义为值传递，故 a 值改变不会影响变量 x 的值；变量 y 对应的形式参数是 b，变量作为实际参数为引用传递，故 b 值改变影响了变量 y 的值；第三个实际参数是常数，不受形式参数的影响。

```
Sub aa (ByVal a As Integer, b As Integer, c As Integer)
    a = 2
    b = 3
    c = 4
    Print " 在过程中输出："; a; Spc (1); b; Spc (1); c
End Sub

Private Sub Form_Click ()
    Dim x, y As Integer
    x = 5
    y = 6
    aa x, y, 19
    Print " 在过程中输出："; x; Spc (1); y
End Sub
```

For Each…Next 循环与数组

日积
月累

与 For…Next 循环一样，For Each…Next 循环也是执行指定次数的语句，不一样的是 For Each…Next 循环用于数组或对象集合的情况，循环次数由数组或集合元素的个数确定。

语法：

```
For Each 元素变量 In 数组名或集合名
    循环体
Next
```

语法中"元素变量"和"数组名或集合名"是必须给出的参数，"元素变量"代表了循环在遍历数组或集合时的当前元素。

例如，给数组赋值：

```
Dim a (6)，i As Integer
For Each m In a
  m = i + 1
  i = m
  Print m
Next m
```

程序段中 m 代表循环过程中当前的下标变量。For Each…Next 循环的优点是不需要指出循环的上下限，缺点是一次循环中只能对一个元素进行操作，即对当前元素进行操作。

复用语句 With…End With

日积
月累

With…End With 语句是作用在对象上的语句，常用来简化对该对象的设置属性的语句的书写。With…End With 语句可以嵌套使用。

语法：

```
With 对象名
    语句块
End With
```

例如：

```
Private Sub Form_Load ()
  With Form1
        .Height = 4000
        .Width = 4000
        With Command1
                .Height = 2000
                .Width = 2000
                .Caption = "With 语句按钮 "
        End With
        .Caption = "With 语句窗体 "
  End With
End Sub
```

模块 3　程序设计基础

日积月累

退出语句 Exit

Exit 语句用来跳出 Do…Loop、For…Next、For Each…Next 循环以及跳出 Function、Sub 过程的代码块，具有提前结束循环或过程的功能，常和判断语句结合使用。Exit 语句有以下几种：Exit Do、Exit For、Exit Function 和 Exit Sub 等。

模 块 小 结

了解 Visual Basic 程序设计语言的编程基础，是进入程序设计领域关键的第一步。本模块通过若干个任务讲解了 Visual Basic 程序设计语言的基本概念，包括常量、变量、运算符和表达式、数组，重点介绍了程序控制结构的应用，进一步介绍了模块、过程的概念，通过实例讲解了函数过程和子过程的定义以及调用，说明了参数传递的基本概念。

实 战 强 化

1）有如下 10 个数：–2、73、82、–76、–1、24、321、–25、89、–20。试编写一个程序，输出其中的每个负数，同时分别计算并输出正数之和及负数之和。

> **提示**　用数组记录这 10 个数，然后使用 For…Next 循环遍历每个数，通过判断确定对正、负数采用不同的操作。

2）打印如图 3-26 所示的几何图案。

图 3-26　几何图案

> **提示**　该图案由 5 行，每行 10 个小菱形块◆构成，可以用循环嵌套设计该程序，由外层循环控制行数，内层循环控制小菱形块的个数和位置。仔细分析可以发现每行的空格数和每行小菱形块数的和是一个常数，利用这一特点就可以控制小菱形块的位置。

3）找出 100 以内的勾股数。所谓勾股数就是有 3 个正整数满足表达式 $a^2+b^2=c^2$。

> **提示**　采用三层循环嵌套，在最内层对三层循环变量进行勾股关系的判断，输出满足关系的三个数。为了避免出现相同的三个数由于位置顺序不同而出现多次的情况，如 3、4、5 与 4、3、5。设定内层循环变量的初值应大于外层循环变量的当前值。

模块 4 常用控件的应用

Visual Basic 特点

控件是组成用户界面的基本要素，它有助于使应用程序的界面更友好且更具交互性。Visual Basic 提供了一组范围广泛、种类各异的控件，并且在 Visual Basic 中，利用控件创建用户界面非常容易，程序设计人员只需拖动控件到窗体中，然后对控件进行合理布局，并设置其属性和编写事件过程即可。

工作领域

在实际工作中，人们经常会通过应用程序提供的交互界面来完成一系列任务，比如，利用文本编辑器控制文字的显示效果、根据界面信息和提示进行操作、对实物进行动作模拟等。应用程序的设计需要完成的一个重要任务就是用户界面的设计，而控件是设计用户界面的重要基础，因此，学习和掌握控件的应用，是开发应用程序的重要基础。

技能目标

通过本模块内容学习和实践，希望大家能够掌握常用控件的功能和使用方法；能够设计出简单、美观和易用的用户界面。

任务 1 文字的简单格式化

利用标签、文本框、单选按钮、复选框、框架、滚动条和命令按钮控件，设计一个能够对文字进行简单格式化的程序，通过运行此程序来控制文字的显示效果，使用户界面美观。

任务情境

图 4-1 是任务 1—— 文字的简单格式化的执行界面，程序运行时，首先在文本框中显示初始化时的文字（一首古诗），用户可以通过复选框设置文字的字形，通过单选按钮设置文字的字体和颜色，通过水平滚动条控制文字的大小。同时，用户可以随时编辑文本框中的内容，单击"清除"按钮可清除文本框中的内容。

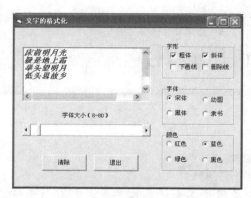

图 4-1 "文字的格式化"的执行界面

任务分析

本任务中涉及的主要问题和解决方法有：

1）窗体 Form1 装入时，文本框 Text1 中的文本初始化为一首古诗。

2）文本框 Text1 设置为带水平和垂直滚动条，且可以多行显示和随时进行编辑。

3）利用 3 个框架 Frame 对各类控件分组，并通过选择字形、字体和颜色对文本框中的文字进行相应格式化。

4）水平滚动条用来控制文字的大小，其取值范围为 8 ～ 80，所以需要设置 HScrollBar1 的 Min 和 Max 属性值分别为 8 和 80。在拖动滑块事件和改变滚动块位置的事件中，通过 HScroll1. Value 属性值控制文本的大小。

5）"清除"按钮的单击事件代码为清空文本框的 Text 属性值。

任务实施

1）新建一个工程。

2）在窗体上添加 1 个文本框控件 TextBox、3 个框架控件 Frame、4 个复选框控件 CheckBox、8 个单选按钮控件 OptionButton、1 个标签控件 Label、1 个水平滚动条控件 HScrollBar 和 2 个命令按钮控件 CommandButton，并按图 4-1 布局，在属性窗口中设置控件的属性，见表 4-1。

表 4-1 在属性窗口中设置属性

	控 件 名	属 性 名 称	属 性 值
标签	Label1	Caption	字体大小（8 ～ 80）
文本框	Text1	Multiline	True
		ScrollBars	3-Both
		Locked	False
框架	Frame1	Caption	字形
	Frame2	Caption	字体
	Frame3	Caption	颜色

（续）

	控 件 名	属 性 名 称	属 性 值
复选框	Check1	Caption	粗体
	Check2	Caption	斜体
	Check3	Caption	下画线
	Check4	Caption	删除线
单选按钮	Option1	Caption	宋体
	Option2	Caption	幼圆
	Option3	Caption	黑体
	Option4	Caption	隶书
	Option5	Caption	红色
	Option6	Caption	蓝色
	Option7	Caption	绿色
	Option8	Caption	黑色
命令按钮	Command1	Caption	清除
	Command2	Caption	退出
水平滚动条	HScrollBar1	Min	8
		Max	80

3）进入代码窗口，在相应的 Sub 块中编写如下代码。

```
Private Sub Form_Load ()
    ch = Chr (13) + Chr (10)                          '回车换行
    Text1. Text = " 床前明月光 " & ch & " 疑是地上霜 " & ch & " 举头望明月 " & ch & " 低头思故乡 "
End Sub

Private Sub Check1_Click ()
    Text1. FontBold = Check1. Value
End Sub

Private Sub Check2_Click ()
    Text1. FontItalic = Check2. Value
End Sub

Private Sub Check3_Click ()
    Text1. FontUnderline = Check3. Value
End Sub

Private Sub Check4_Click ()
    Text1. FontStrikethru = Check4. Value
End Sub

Private Sub Command1_Click ()
    Text1. Text = ""
End Sub

Private Sub Command2_Click ()
    End
End Sub
```

```
Private Sub HScroll1_Change ()                    '得到滚动条中最后的值
   Text1. FontSize = HScroll1. Value
End Sub

Private Sub HScroll1_Scroll ()                    '跟踪滚动条中的动态变化
   Text1. FontSize = HScroll1. Value
End Sub

Private Sub Option1_Click ()
   Text1. FontName = Option1. Caption
End Sub

Private Sub Option2_Click ()
   Text1. FontName = Option2. Caption
End Sub

Private Sub Option3_Click ()
   Text1. FontName = Option3. Caption
End Sub

Private Sub Option4_Click ()
   Text1. FontName = Option4. Caption
End Sub

Private Sub Option5_Click ()
   Text1. ForeColor = vbRed
End Sub

Private Sub Option6_Click ()
   Text1. ForeColor = vbBlue
End Sub

Private Sub Option7_Click ()
   Text1. ForeColor = vbGreen
End Sub

Private Sub Option8_Click ()
   Text1. ForeColor = vbBlack
End Sub
```

4）运行程序。

知识提炼

控件的基本属性

大多数 Visual Basic 标准控件具有一些相同的基本属性，描述其外观和行为。当然不是所有的标准控件都有相同或相近的外观和行为，因此，有的控件不都具有这些基本属性。下面总结一些常用的基本属性。

（1）Name 属性　用于描述窗体或控件的名称，是唯一的标识。

（2）Caption 属性　用于描述控件的标题文本。

（3）Width、Height 属性　用于描述控件的宽度和高度。

（4）Top、Left 属性　用于描述控件在容器中的位置，Top 是描述控件距容器顶部的距离，Left 是描述控件距容器左边的距离。

（5）Enabled 属性　用于描述控件的有效性，属性值为 True 时控件有效，否则无效。

（6）Visible 属性　用于描述控件可见性。属性值为 True 时控件可见，否则不可见。

（7）ForeColor、BackColor、FillColor、BorderColor 属性　用于描述控件的前景颜色、背景颜色、填充颜色和边框颜色。

（8）Alignment 属性　用于描述控件中文本的对齐方式。

（9）Font 属性　用于描述控件上显示的字体属性。

（10）AutoSize 属性　用于描述控件是否具有自动调整大小以显示其全部内容的功能。

一些常用的控件如图 4-2 所示。

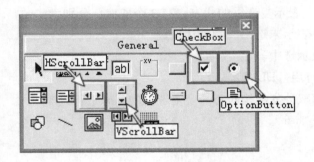

图 4-2　一些常用的控件

单选按钮（OptionButton）控件

单选按钮以成组形式出现，能提供"选中"和"未选中"两种可选项。在通常情况下，将一组单选按钮控件放入框架 Frame 控件或图片 PictureBox 控件或窗体 Form 控件这样的容器中，来实现分组。使用单选按钮组时，选中其中一个，其余就会自动关闭。

OptionButton 控件的常用属性和事件如下。

（1）Value 属性　表示单选按钮的状态，有两个取值，分别为：

True：表示被选中。

False：表示未被选中，为默认设置。

常采用多分支结构对一组单选按钮的状态进行判断：

```
If Option1.Value=True Then
        …
ElseIf Option2.Value=True Then
        …
End If
```

（2）Style 属性　设置单选按钮的外观，有两个取值，分别为：

0-Standard：标准方式，默认设置。

1-Graphical：图形方式，此方式下的单选按钮的外观与命令按钮相似。

Style 是只读属性，只能在设计时设置。

（3）Click 事件　程序运行时，单击单选按钮后使其 Value 属性值变为 True（即选中状态），或在代码中将一个单选按钮的 Value 属性值从 False 改为 True 时，触发 Click 事件，可以在该事件过程中编写代码，指定选择该单选按钮时要执行的操作。

在应用程序中可以创建一个事件过程，检测控件对象的 Value 属性值，再根据检测结果执行相应的处理。

复选框（CheckBox）控件

复选框能提供"选中"和"未选中"两种可选项。复选框组列出可供用户选择的选项，用户根据需要选定其中的一项或多项。

CheckBox 控件的常用属性和事件如下。

（1）Value 属性　表示复选框的状态，有 3 个取值，分别为：

0—Unchecked，表示未选中，为默认设置。

1—Checked，表示选中。

2—Grayed，不可用，即灰度显示。

编程时通常采用双分支结构对每一个复选框的状态进行判断。

```
If  Check1.Value=1  Then
        …
Else
        …
End  If
```

（2）Click 事件　程序运行时，单击复选框后使其 Value 属性值变为 1（即选中状态），或在代码中将一个复选框的 Value 属性值从 False 改为 True 时，触发 Click 事件，可以在该事件过程中编写代码，指定选择或取消该复选框时要执行的操作。

在应用程序中可以创建一个事件过程，检测控件对象的 Value 属性值，再根据检测结果执行相应的处理。

滚动条（ScrollBar）控件

通常附在窗体上协助观察数据或确定位置，也可作为数据输入工具或者速度、数量的指示器，可用鼠标调整滚动条中滑块的位置来改变其值。滚动条控件与文本框、列表框和组合框等控件内置的滚动条不同。那些内置的滚动条在给定控件所含信息超出控件在设计时的尺寸时会自动出现，它提供的是一种在长列表或大量数据中方便浏览的方法，而滚动条控件实际用于数值的图形化表示。

滚动条分为水平滚动条和垂直滚动条两种，如图 4-3 所示。

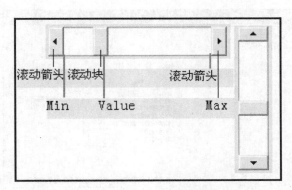

图 4-3　滚动条结构

ScrollBar 控件的常用属性和事件如下。

（1）Min 和 Max 属性　设置滚动条所能代表的最小值、最大值，即滑块最小位置值、最大位置值，其取值范围为 -32 768 ～ 32 767。Min 属性的默认值为 0，Max 属性的默认值为 32 767。

（2）Value 属性　设置滚动条的当前位置，即滑块当前位置的值，其返回值始终介于 Min 和 Max 属性值之间，默认值为 0。

（3）SmallChange 属性　设置当用户单击滚动箭头时，滚动条控件 Value 属性值（滑块位置）的改变量。即当单击滚动条两端的箭头按钮时，Value 属性所增加或减少的值。该属性的默认值为 1。

（4）LargeChange 属性　设置当用户单击滚动条的空白区域时，滚动条控件 Value 属性值的改变量。即当单击滚动条的空白处时，Value 属性所增加或减少的值。

（5）Scroll 事件　当拖动滑块时触发。在实际编程时，经常用 Scroll 事件过程来跟踪滚动条在拖动时数值的动态变化。

（6）Change 事件　改变 Value 属性值时触发。

在单击滚动条或滚动箭头时，将产生 Change 事件，因此，在实际编程时，常利用 Change 事件来获得滚动条变化后的最终值。

任务 2　学生选课器

利用 Visual Basic 循环结构的语句和标签、列表框、命令按钮控件，设计学生信息管理系统的学生选课界面。通过本任务的学习，读者能够熟练掌握列表框的使用和图形按钮的设置。

任务情境

图 4-4 是任务 2——学生选课器的执行界面，在 Windows 程序中常见到此类窗口。程序运行时，单击按钮完成相应操作，各按钮含义如下。

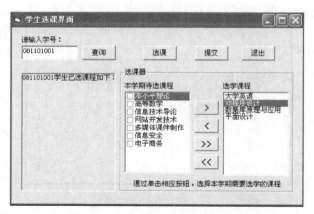

图 4-4　学生选课程序的执行界面

单击"查询"按钮，在图片框中显示该学生已经选修的课程。

单击 > 选课按钮，将左侧列表框中选中的课程移动到右侧列表框。

单击 < 退选按钮，将右侧列表框中选中的课程移动到左侧列表框。

单击 >> 全选按钮，将左侧列表框中的全部课程移动到右侧列表框。

单击 << 全退按钮，将右侧列表框中的全部课程移动到左侧列表框。

单击"提交"按钮，将选择的全部课程写入数据库文件，如果课程已经选修，则弹出"已经选修"提示窗口，要求重新选课。

单击"退出"按钮，选课结束，退出程序。

任务分析

本任务中涉及 3 种主要控件，第一，不同风格的两个列表框，左侧是带有复选框的列表框，右侧是具有多项选择功能的列表框。第二是符号按钮。第三是在图片控件中显示文本内容。涉及的主要问题和解决方法有：

1）输入学生学号，在图片框中显示该学生已经选修的课程，作为选课提示。

2）在"选课"按钮的代码窗口，利用列表框的 AddItem 方法将待选课程加入左侧列表框 List1。

3）在 4 个选课和退选按钮的 Click 事件中，利用循环语句和列表框的 AddItem 方法，将 List1（或 List2）中选中的课程追加到 List2（或 List1）中，同时利用循环语句和列表框的 RemoveItem，将 List1（或 List2）中选中的课程移除。

4）利用 Picture.Print 方法，将已经选修的课程提示显示在图片框中。

任务实施

1）新建一个工程。

2）在窗体上添加 2 个标签控件 Label、1 个文本框控件 TextBox、4 个命令按钮控件 CommandButton、一个框架控件 Frame，同时将 2 个列表框控件 ListBox、4 个图形按钮和 2

个标签控件 Label 组合在框架内，并按图 4-4 布局，在属性窗口中设置控件的属性，见表 4-2。标签控件和文本框控件的属性略。

表 4-2　在属性窗口中设置属性

	控件名	属性名称	属性值
窗体	Form1	Caption	学生选课界面
框架	Frame1	Caption	选课器
列表框	List1	Style	1-Checkbox
	List2	MultiSelect	2-Extended
命令按钮	ComQue、ComSelect、ComOk、ComEnd	Caption	分别为"查询""选课""提交""退出"
	Command1、Command2、Command3、Command4	Style	1
		Picture	选择相应图片符号

3）进入代码窗口，在相应的 Sub 块中编写如下代码。

```
Private Sub Comque_Click()
 Picture1.Print TxtNo.Text & " 学生已选课程如下："
End Sub

Private Sub Comselect_Click()
List1.AddItem " 邓小平理论 ": List1.AddItem " 大学英语 "
 List1.AddItem " 高等数学 ": List1.AddItem " 信息技术导论 "
 List1.AddItem "VB 程序设计 ": List1.AddItem " 网站开发技术 "
 List1.AddItem " 数据库原理与应用 ": List1.AddItem " 多媒体课件制作 "
 List1.AddItem " 平面设计 ": List1.AddItem " 信息安全 "
 List1.AddItem " 电子商务 "
End Sub

Private Sub ComOk_Click()
   MsgBox " 选课成功，已经写入数据库 ",," 提示 "
End Sub

Private Sub ComEnd_Click()
 End
End Sub

Private Sub Command1_Click()
i = 0
Do While i < List1.ListCount
  If List1.Selected(i) = True Then
    List2.AddItem List1.List(i)
    List1.RemoveItem i
  Else
    i = i + 1
  End If
Loop
End Sub

Private Sub Command2_Click()
```

```
i = 0
Do While i < List2.ListCount
  If List2.Selected(i) = True Then
    List1.AddItem List2.List(i)
    List2.RemoveItem i
  Else
    i = i + 1
  End If
Loop
End Sub

Private Sub Command3_Click()
For i = 0 To List1.ListCount - 1
  List2.AddItem List1.List(i)
Next
List1.Clear
End Sub

Private Sub Command4_Click()
For i = 0 To List2.ListCount - 1
  List1.AddItem List2.List(i)
Next
List2.Clear
End Sub
```

4）运行程序。

知识提炼

列表框（ListBox）

列表框（ListBox）控件如图4-5所示。

列表框用于在多个项目中作出选择的操作。在列表框中显示多个项目，用户可以通过单击某一项选择自己需要的项目，但不能直接修改其中的内容。如果项目总数超出了列表框设计时的长度，则 Visual Basic 会自动给列表框加上滚动条。列表框有两种风格：标准列表框和复选列表框。通过 Style 属性来设置，如图4-6所示。

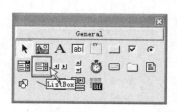

图4-5　列表框（ListBox）控件

图4-6　标准列表框和复选列表框

ListBox 控件的常用属性、方法和事件如下。

（1）Columns 属性　　设置列表框中的项目是在单列中垂直滚动，还是在多列中水平滚动。当 Columns 属性值为0（默认设置）时呈单列显示；大于0时呈多列显示，显示的列数由 Columns 属性值决定。Columns 属性只能在属性窗口设置。

（2）List 属性　List 是一个字符型数组，用于存放列表框的表项，数组的下标从 0 开始。例如，欲将列表框 List1 中的第一项内容显示在文本框 Text1 中，程序代码为：

Text1. Text= List1. List (0)

例如，欲将列表框 List1 中的第四项的内容设置为字符串"计算机世界"，程序代码为：

List1. List (3)= " 计算机世界 "

（3）ListIndex 属性　返回已选定的项目的顺序号（索引），若未选定任何项，则 ListIndex 的值为 -1，ListIndex 属性只能在程序中设置和引用。

（4）ListCount 属性　返回列表框中项目的总数，项目下标为 0 ～ ListCount-1，ListCount 属性只能在程序中设置和引用。

（5）Sorted 属性　列表框中各表项在运行时是否按字母顺序排列，Sorted 属性只能在属性窗口设置，有两个取值，分别为：

True：表示按字母顺序排序。

False：表示不排序，按加入的先后顺序排列，为默认设置。

（6）Text 属性　返回被选定项目的文本内容。Text 属性只能在程序中设置和引用。

例如，List1. Text 的值与 List1. List (List1. ListIndex) 的值相同。

（7）Selected 属性　测试列表框中第 i 项是否被选中，Selected 属性只能在程序中设置和引用，有两个取值，分别为：

True：列表框中第 i 项被选中。

False：列表框中第 i 项没有被选中。

例如，若选中列表框中的某一项，如图 4-7 所示，则列表框中项目的属性值和说明见表 4-3。

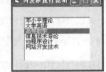

图 4-7　列表框中项目的属性

表 4-3　列表框中项目的属性

属　　性	值	说　　明
List1. ListCount	6	列表框中项目总数
List1. ListIndex	2	选定项目的顺序号（索引号）
List1. Text	高等数学	选定项目的文本内容
List1. List (4)	VB 程序设计	列表框中第 5 项，即下标为 4 的项目
List1. Sorted	False	没有按字母排序
List1. Selected (2)	True	第 3 项被选中

（8）MultiSelect 属性　设置列表框是否允许同时选择多个表项，有 3 个取值，分别为：

0—None：只能选择一项，不能多选，默认设置。

1—Simple：简单多项选择，表示可用鼠标单击或按空格键在列表框中选中或取消多项。

2—Extended：扩展多项选择，按住 <Ctrl> 键，同时用鼠标逐个单击所需表项，可以实现多选；按住 <Shift> 键，同时用鼠标单击所需要的项目区域中的首项和尾项，可以选定多个连续项。

（9）Style 属性　确定是否将复选框显示在 ListBox 中，有两个取值，分别为：

0—Standard：不显示复选框，默认设置。

模块 4　常用控件的应用

1—Checkbox：显示复选框。

（10）SelCount 属性　如果 MultiSelect 属性设置为 1（Simple）或 2（Extended），则该属性返回列表框中所选项目的数目。

（11）AddItem 方法　把一个项目加入列表框。格式为：

〈对象名〉.AddItem item [, index]

其中：

item，为字符串表达式，表示要加入的项目。

index，决定新增项目的位置，如果默认，则添加在列表框的末尾。

例如，在 List1 中第三项的位置插入一项"高等数学"，程序代码为：

List1. AddItem "高等数学"，2

例如，在 List1 的末尾插入一项"Visual Basic 程序设计"，程序代码为：

List1. AddItem "VB 程序设计"

（12）RemoveItem 方法　删除列表框中指定项目，该方法每次只能删除一个项目。格式为：

〈对象名〉.RemoveItem index

其中 index 决定要删除的项目的索引，是必选项。

例如，删除列表框中第三项，程序代码为：

List1. RemoveItem 2

例如，删除列表框中当前所选的项目，程序代码为：

List1. RemoveItem list1. listindex

（13）Clear 方法　清除列表框中的所有项目。

（14）Click 事件　单击鼠标时触发。

（15）DblClick 事件　双击鼠标时触发。

图片框（PictureBox）

作用是显示图片，作为其他控件的容器、显示图形方法输出的图形或 Print 方法输出的文本。主要属性有：

（1）Picture 属性　在程序运行时装入图形。

例如，Picture1.Picture = LoadPicture(" 图形图片文件名 ")

也可以删除图片框中的图形。

例如，Picture1.Picture = LoadPicture(" ")

或者装入另一图片框中的图形。

例如，Picture1.Picture = Picture2.Picture

（2）Autosize 属性　图片框是否可以自动调整大小，有两个取值，分别为：

True：图片框自动调整大小与图形匹配。

False：图片框不变，超过图片框的部分将被剪裁掉。

（3）BorderStyle 属性　设置图片框的边框风格，有两个取值，分别为：

0—None：无边框，默认设置。

1—Fixed Single：三维边框。

（4）Print 方法　用来进行文本输出。

例如，Picture1.Print " 学生已选课程如下："

任务 3　跳动的小球

利用组合框、形状、按钮、框架和时钟控件，设计一个模拟小球跳动的程序，通过常用控件和特殊方法，完成用户界面的动态效果。

任务情境

图 4-8 和图 4-9 是任务 3——跳动的小球的设计界面和执行界面。当程序运行时，在执行界面中操作者可以设置小球跳动的时间长度，单击"开始"按钮后，小球在规定区域上下跳动，同时在窗口上显示倒计时信息，时间用完后自动弹出一个"时间到"提示框，如图 4-10 所示。

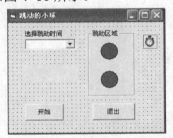

图 4-8　"跳动的小球"的设计界面　　图 4-9　"跳动的小球"的执行界面　图 4-10　"时间到"提示框

任务分析

本任务中涉及的主要问题和解决方法有：

1）窗体装入时，利用 For 循环和 Combo1．AddItem 方法将 Combo1 的初值设置为 10 ～ 100 之间的整数，即小球跳动的时间长度。

2）通过一个时钟控件的定时触发，及两个小球的交叉显示和隐藏产生跳动效果。

3）定义一个全局变量 t 作为计时器，小球每跳动一次就执行一次 t-1 操作，从而得到剩余时间，当 t=0 时，时间用完，利用 MsgBox 语句弹出"时间到"提示框。

任务实施

1）新建一个工程。

2）在窗体上添加 2 个标签控件 Label、1 个组合框控件 ComboBox、1 个框架控件 Frame、2 个形状控件 Shape、2 个命令按钮控件 CommandButton 和 1 个时钟控件 Timer，并按图 4-8 布局，在属性窗口中设置控件的属性，见表 4-4。标签控件的属性略。

表 4-4　在属性窗口中设置属性

	控 件 名	属 性 名 称	属 性 值
组合框	Combo1	Text	空
框架	Frame1	Caption	跳动区域
形状控件	Shape1、Shape2	Visible	True
		BackColor	&H80000002&
		BackStyle	1.Opaque
		Shape	2.Circle
命令按钮	Command1	Caption	开始
	Command2	Caption	退出

3）进入代码窗口，在相应的 Sub 块中编写如下代码。

```
Dim t As Integer

Private Sub Form_Load ()
  Dim i As Integer
  For i = 10 To 100
      Combo1. AddItem i
  Next
  Shape1. Visible = False
  Shape2. Visible = False
  Combo1. Text = 10
End Sub

Private Sub Command1_Click ()
  t = Val (Combo1. Text)
  Timer1. Enabled = True
  Timer1. Interval = 200
End Sub

Private Sub Command2_Click ()
  Unload Me
End Sub

Private Sub Timer1_Timer ()
  t = t - 1
  Label1. Caption = " 倒计时 :" & t & " 秒 "
  If t Mod 2 = 0 Then
    Shape1. Visible = True
    Shape2. Visible = False
  Else
    Shape1. Visible = False
    Shape2. Visible = True
  End If
  If t = 0 Then
    Timer1. Enabled = False
    t = MsgBox (" 时间到！ ",, " 消息框 ")
```

```
        Shape1. Visible = False
        Shape2. Visible = False
    End If
End Sub
```

4）运行程序。

知识提炼

常用控件：组合框（ComboBox）控件、形状（Shape）和直线（Line）控件、Timer 控件，如图 4-11 所示。

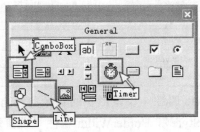

图 4-11　常用控件

组合框（ComboBox）控件

组合框实际上是列表框和文本框的组合。它可以像列表框一样，让用户通过单击鼠标选择所需的项目，也可以像文本框一样，用输入的方式选择项目（下拉式列表框除外），但输入的内容不能自动添加到列表框中。

ComboBox 控件的 Style 属性　用来指示控件的显示类型和行为。该属性取值为 0、1 或 2，分别决定了组合框的 3 种不同类型：下拉组合框（Dropdown Combo）、简单组合框（Simple Combo）、下拉列表框（Dropdown List），如图 4-12 所示。

ComboBox 控件的其他常用属性、方法和事件与列表框大致相同。

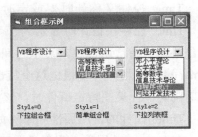

图 4-12　组合框 3 种形式示意图

通常，列表框控件和组合框控件提供的功能相似，但是这两个控件之间也存在一些区别，见表 4-5。

表 4-5　列表框控件和组合框控件的区别

列表框控件	组合框控件
具有 MultiSelect 属性，使用该属性，用户可以从列表中选择多个选项	没有 MultiSelect 属性
列表项前面允许有复选框	没有复选框
用户只能从列表框中选择选项	用户既可以选择选项，也可以在组合框中输入新文本
适合在窗体上有足够空间来容纳控件时使用	适合在窗体上的空间有限时使用

形状（Shape）控件和直线（Line）控件

Visual Basic 具有极强的图形图像处理能力，与图形有关的标准控件有 4 种：形状控件

Shape、直线控件 Line、图形框控件 PictureBox 和图像框控件 Image。本任务中用到了 Shape 控件和 Line 控件。

Shape 控件和 Line 控件可用来在窗体表面画图形元素。这些控件不支持任何事件，只用于表面装饰。Line 控件仅用于画线，这里只介绍 Shape 控件的常用属性。

（1）Shape 属性　设置所画形状的几何特性，有 6 种取值，见表 4-6。

表 4-6　Shape 属性的设置值

属 性 值	常 量	说 明	效 果
0	VbShapeRectangle	矩形（默认）	▭
1	VbShapeSquare	正方形	▢
2	VbShapeOval	椭圆形	⬭
3	VbShapeCircle	圆形	○
4	VbShapeRoundRectangle	圆角矩形	▢
5	VbShapeRoundSquare	圆角正方形	▢

（2）BackColor 和 BackStyle 属性　设置形状的背景色和背景样式是否透明。

（3）BorderColor、BorderStyle 和 BorderWidth 属性　设置形状的边框色、边框样式和边框宽度。

（4）FillColor 和 FillStyle 属性　设置形状的填充色和填充样式。

（5）Height 和 Width 属性　设置形状的高度和宽度。

（6）DrawMode 属性　设置画图模式。

Timer 控件

Timer 控件又称计时器或定时器控件，用于按指定的时间间隔、有规律地执行程序代码。Timer 控件在设计时显示为一个小时钟图标，在运行时并不显示在屏幕上，它只是用于后台处理，通常用标签来显示时间。Timer 控件最大的特点就是每隔一定的时间就产生一次 Timer 事件。用户可以根据这个特性设置时间间隔控制某些操作或用于计时。所以，当需要定期自动执行某些特定事件时，该控件非常有用。

Timer 控件的常用属性和事件如下。

（1）Interval 属性　用于设置两个 Timer 事件之间的时间间隔。可以在属性窗口设置，也可以在程序中通过代码设置，设置时以 ms 为单位，设置的范围是 0 ～ 65 535ms。该属性的默认值为 0，即时钟控件不起作用。如果将 Interval 属性值设置为 1000ms，则每隔一秒就触发一次 Timer 事件。如果希望每秒产生 n 个事件，则将时钟的 Interval 属性值设置为 1000/n。

（2）Enabled 属性　决定 Timer 控件是否开始使用，有两个取值，分别为：

True：当 Enabled 属性被设置为 True，而且 Interval 属性值大于 0 时，计时器开始工作（以 Interval 属性值为间隔，触发 Timer 事件）。

False：当 Enabled 属性被设置为 False 时，Timer 控件无效，即计时器停止工作。

（3）Timer 事件　Timer 控件只支持 Timer 事件。对于一个含有时钟控件的窗体，当计时器的 Enabled 属性值为 True 且 Interval 属性值大于 0 时，每经过一段由属性 Interval

指定的时间间隔，就产生一个 Timer 事件。所以，需要定时执行的操作放在该事件过程中来完成。

> **说明**　一个计时器的最大计时时间为 65 536ms，约 1min。如果最大计时时间超过该值，则可以使用多个计时器。

任务 4　进度条的应用

利用进度条、时钟和命令按钮控件，设计一个能够显示计算进度的程序。

任务情境

进度条控件通过从左至右用小方块填充一个矩形来显示较长操作的进度，利用进度条可以很直观地反映"工作"进程。比如，利用进度条来指示启动应用软件的进度、利用进度条来指示打开某网页的进度、利用进度条来指示处理大数据的进度或了解进行复杂计算、数据读 / 写、文件复制、硬盘格式化、安装程序、启动应用程序等操作时的工作完成情况。

图 4-13 是任务 4——进度条的执行界面。单击"初始化数组"按钮，开始对大数组进行初始化，并通过进度条来指示执行进度，同时在进度条右侧显示已完成工作的百分比。

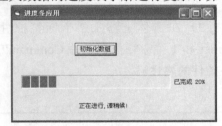

图 4-13　进度条应用程序的执行界面

任务分析

本任务中涉及的主要问题和解决方法有：

1）因为进度条 ProgressBar 不是 Visual Basic 中的基本内部控件，而是 ActiveX 控件，所以需要事先添加到控件工具箱中。

2）定义一个大数组 s 和两个全局变量 counter、n。

3）窗体装入时，设置时钟 Timer1 控件的 Interval 属性，以确定触发时钟的时间间隔。

4）在"初始化数组"按钮的 Click 事件中，设置 ProgressBar1 的最大值、最小值和当前值等属性。

5）通过时间间隔触发时钟控件来完成数组的初始化、指示执行进度和显示完成工作的百分比。利用随机函数 Rnd 和取整函数 Int 产生 0 ~ 1000 之间的随机整数存入 s，作为数组的初始化值。

任务实施

1）新建一个工程。

2）执行"工程"→"部件"命令，在"控件"选项卡中选中"Microsoft Windows

Common Controls 6.0"复选框，单击"应用"按钮或"确定"按钮，便将进度条控件 ProgressBar 加入工具箱，如图 4-14 所示。

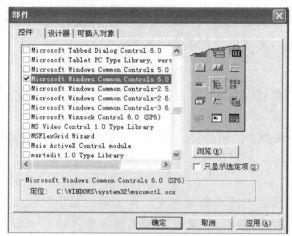

图 4-14　添加 ActiveX 控件窗口

3）在窗体上添加 2 个标签控件 Label、1 个进度条控件 ProgressBar、1 个时钟控件 Timer 和 1 个命令按钮控件 CommandButton，在属性窗口中设置控件的属性，见表 4-7。标签控件的属性略。

表 4-7　在属性窗口中设置属性

控 件 名		属 性 名 称	属 性 值
进度条	ProgressBar1	Height	400
命令按钮	Command1	Caption	初始化数组

4）进入代码窗口，在相应的 Sub 块中编写如下代码。

```
Dim counter, n As Integer
Dim s (0 To 2500) As String

Private Sub Command1_Click ()
    ProgressBar1. Min = LBound (s)
    ProgressBar1. Max = UBound (s)
    ProgressBar1. Visible = True
    ProgressBar1. Value = ProgressBar1. Min
    counter = LBound (s)
    Timer1. Enabled = True
    n = Int (UBound (s) – Lbound (s)) / 100
    Label2. Caption = " 正在进行 , 请稍候 !"
End Sub

Private Sub Form_Load ()
    Timer1. Enabled = False
    Timer1. Interval = 10
End Sub
```

```
Private Sub Timer1_Timer ()
  If counter <= UBound (s) Then
    s (counter) = Int (Rnd (1) * 1000)
    ProgressBar1. Value = counter
    Label1. Caption = " 已完成 " & Int (ProgressBar1. Value / n) & "%"
    counter = counter + 1
  End If
    If counter > UBound (s) Then
        Label2. Visible = False
    End If
End Sub
```

5）运行程序。

知识提炼

进度条（ProgressBar）

ProgressBar 控件如图 4-15 所示。ProgressBar 控件通过从左至右用小方块填充一个矩形来显示较长操作的进度。在 MFC 类库中的封装类为 CProgressCtrl，通常仅作为输出类控制，所以其操作主要是设置进度条的范围和当前位置，并不断更新当前位置，进度条的范围用来表示整个操作过程的时间长度，当前位置表示完成情况的当前时刻。ProgressBar 控件不属于 Visual Basic 的基本控件，所以事先需要将 ProgressBar 控件添加到控件工具箱中。

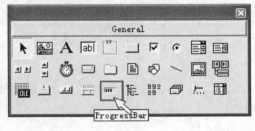

图 4-15　进度条（ProgressBar）控件

ProgressBar 控件的常用属性如下。

（1）Align 属性　决定控件在窗体上的位置，有 5 个取值，分别为：

0— vbAlignNone：位于设计时所画的位置。

1— vbAlignTop：位于窗体的顶部。

2— vbAlignBottom：位于窗体的底部。

3— vbAlignLeft：位于窗体的左边。

4— vbAlignRight：位于窗体的右边。

（2）Min、Max 属性　设置进度条的下界和上界。

（3）Value 属性　设置进度条的当前值，即决定控件被填充了多少。运行时 Value 属性将持续增长，直到达到了由 Max 属性定义的最大值。该控件显示的填充块的数目是 Value 属性与 Min 和 Max 属性之间的比值。

（4）Height、Width 属性　确定填充控件的小方块的高度和宽度，从而决定了进度条中小方块的数量的大小，小方块越多，操作进度表示得越精确。

（5）Orientation 属性　决定进度条是水平还是垂直显示，有两个取值，分别为：

0— ccOrientationHorizontal：水平方向，默认设置。

1— ccOrientationVertical：垂直方向。

模块 4　常用控件的应用

上下文相关帮助

Visual Basic 的许多部分是上下文相关的。上下文相关意味着不必搜寻"帮助"菜单就可以直接获得有关这些部分的帮助。例如，为了获得有关 Visual Basic 语言中任何关键词的帮助，只须将插入点置于"代码"窗口中的关键词上并按 <F1> 键。

在 Visual Basic 界面的任何上下文相关部分上按 <F1> 键，就可以显示有关该部分的信息。上下文相关部分是：

1）Visual Basic 中的每个窗口（"属性"窗口、"代码"窗口等）。

2）工具箱中的控件。

3）窗体或文档对象内的对象。

4）"属性"窗口中的属性。

5）Visual Basic 关键词（语句、函数、属性、方法、事件和特殊对象）。

6）错误信息。

一旦打开"帮助"，按 <F1> 键就可以获得怎样使用帮助的信息。

控件的相关操作

在窗体上添加控件

如果想在窗体上添加多个同一类型的控件，则可以按住 <Ctrl> 键，单击工具栏中的控件，然后将鼠标放置在窗体上，当鼠标指针为十字形时，按住鼠标左键拖曳鼠标添加控件，重复此操作直到添加完所需要的控件为止。

使用方向键调整控件的大小

选择控件，按住 <Shift> 键，同时按方向键，即可调整大小。

使用窗体编辑器调整控件布局

1）如果窗体编辑器没有显示在工具栏中，则首先在工具栏上单击鼠标右键，在弹出的快捷菜单中选择"窗体编辑器"命令，将窗体编辑器添加到工具栏中。

2）添加完窗体编辑器后，在窗体上选择要调整的控件，然后在"窗体编辑器"上选择相应的按钮。

锁定控件

这个操作将把窗体上所有选定的控件锁定在当前位置，以防止已处于理想位置的控件因不小心而移动。但只锁住选定窗体上的全部控件，不影响其他窗体上的控件。

锁定控件的方法如下：选中窗体中的控件，执行"格式" → "锁定控件"

命令，或者执行"视图"→"工具栏"→"窗体编辑器"命令，在窗体编辑器工具栏上单击"锁定控件切换"按钮，也可以锁定控件位置。

将控件摆放整齐

1）选取控件。

方法①：先按住 \<Shift\> 键，然后单击需要选择的控件，即可选中一组控件。仔细观察会发现，在这一组被选中的控件中，不是所有的控件周围的小方块都是蓝色的。只有最后一个被选中的控件是蓝色的，其他控件周围都是白色的小方块。这里最后一个被选中的控件被称为基准控件。如果不是最后一个选择则直接单击该控件即可将其设置为基准控件。

方法②：区域法选择。把几个控件用一个矩形框住，则这些控件被全部选中。

如果要取消一组被选中控件中的某个控件，则可以按住 \<Shift\> 键，然后用鼠标单击需要取消选择的控件，该控件周围的方块就会消失，表示该控件被取消选中了。

2）单击参照对象，即基准控件（以它的位置、大小等为依据）。

3）打开"格式"菜单，执行"格式"→"统一尺寸"→"两者都相同"命令，则控件大小都相同；执行"格式"→"对齐"命令可以选择对齐方式；执行"格式"→"垂直（或水平）间距"→"间距相同"命令可以使间距相同。

模 块 小 结

单选按钮、复选框、滚动条、框架、形状、列表框、组合框、时钟和进度条等控件是 Visual Basic 中的常用控件，本模块详细介绍了这些控件的属性、方法和事件。通过几个简单而实用的任务，讲解了这些控件的使用方法和编程技术。

实 战 强 化

1）设计程序，通过单选按钮选择图形的形状，再利用滚动条改变图形的大小，执行界面如图 4-16 所示。

提示

① 设置形状 shape1 控件的 shape 属性分别为 VbShapeRectangle、VbShapeSquare、VbShapeOval、VbShapeCircle，即长方形、正方形、椭圆、圆。

② 在 HScroll1_Change 和 HScroll1_Scroll 事件中，通过下面代码来调节图形的尺寸。

Shape1. Height = HScroll1. Value

Shape1. Width = HScroll1. Value

2）设计程序，输入学生基本信息，单击"显示"按钮后，在 Picture 图片框中显示该学生的信息；单击"清除"按钮后，清除图片框中的信息，执行界面如图 4-17 所示。

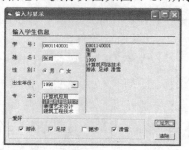

图 4-16　用滚动条改变图形的尺寸　　　　　　图 4-17　输入及显示学生信息

>> 提示 | 可以使用 Picture1. Print 方法输出相应的信息，比如，输出性别时，可用下面的代码完成：
Picture1. Print IIf (Option1. Value = True, Option1. Caption, Option2. Caption)

3）设计一个用时钟控制输出的程序，实现每隔 2s 在文本框（带双向滚动条）新的一行输出当前的系统时间及产生 10 个 0 ～ 100 之间的随机整数。程序运行时，单击"开始"按钮触发计时器，开始逐行输出，随时可以"暂停"或"继续"，如图 4-18 所示。

图 4-18　用时钟控制输出

>> 提示 | 用表达式 str（Time）产生系统当前时间，用表达式 Int（100*Rnd）产生 0 ～ 100 之间的随机整数。每当一行的当前时间和 10 个整数输出完成后，执行一条语句 Text1. Text = Text1. Text & vbCrLf，用以实现换行。

4）设计一个程序，对一批数据进行计算（由用户选定计算问题），用进度条指示计算的进程和显示完成比例，计算结束时响铃，如图 4-19 所示。

图 4-19　进度条应用程序的执行界面

>> 提示 | 当计算完成 100% 时，执行 beep 响铃。

模块 5　对话框的应用

任务 1　查询选择对话框

　　利用输入对话框输入查询值并由消息框显示提示或警告信息。

任务情境

　　设计一个查询对话框。在窗体上显示 3 个单选按钮，如图 5-1 所示。如果选择按学号查询就选中"按学号"单选按钮，单击"查询"按钮，弹出"确认"消息框确认是否查询，如图 5-2 所示。如果单击"是"按钮，则弹出输入对话框，如图 5-3 所示。要求用户输入一个学号，假设学号的长度为 10 个字符，检查该字符串数字的长度是否为 10 个字符，如果是则提示输入的学号，否则提示"输入错误，不能查询！"，如图 5-4 所示。如果单击"取消"按钮则将取消本次查询操作。如果在"确认"对话框中单击"否"按钮，则关闭窗体，直接退出。如果选择按姓名或班级查询，则也可以得到类似的提示信息。

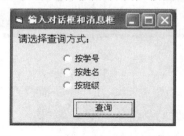

图 5-1　窗体启动后屏幕显示的信息

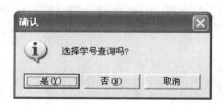

图 5-2　"确认"对话框

图 5-3　"输入学号"对话框

图 5-4　提示消息

图 5-5　警告消息

任务分析

本任务要完成的是对按学号、按姓名和按班级查询的选择。由于要求用户输入相关的学号、姓名或班级名，所以需要一个文本框来接收信息，当用户确定输入的数值或字符串后，要反馈给用户相应的信息，即需要输出相应的提示信息。

本次任务中可以由输入对话框和消息对话框的组合设计来完成该任务。

数据输入用输入对话框实现，而不需要输入数值只是反馈信息的各种窗体用消息对话框实现。

具体的思路如下。

1）生成一个普通窗体并在窗体上生成一个标签、三个单选按钮和一个按钮并分别设置相应的属性。

2）在按钮的 Click 事件中编写代码，生成若干个消息对话框和一个输入对话框。

3）根据消息对话框和输入对话框的返回值进行选择和判断。

4）确定按某类别查询时弹出输入对话框输入查询项并将输入字符串写入提示消息框内；

在确定不查询时使用 End 语句中止程序。

任务实施

1）新建一个工程。

2）在窗体中添加 1 个标签控件 Label、3 个单选按钮控件 Option Button 和 1 个命令按钮控件 CommandButton，布局如图 5-1 所示。

3）在属性窗口中设置窗体的下列属性，见表 5-1。

表 5-1　在属性窗口中设置窗体属性

	控 件 名	属 性 名 称	属 性 值
窗体	Form1	Caption	输入对话框和消息框
标签	Label1	Caption	请选择查询方式：
		Font	五号
命令按钮	Command1	Caption	查询
单选按钮	Option1	Caption	按学号
	Option2	Caption	按姓名
	Option3	Caption	按班级

4）进入代码窗口，在 Command1_click 事件的 Sub 块中添加如下代码。

```
Private Sub Command1_Click ()
    If Option1.Value = True Then
    yn = MsgBox ("选择学号查询吗", 67, "提示")
    If yn = vbNo Then
        End
    ElseIf yn = vbYes Then
        str = InputBox$("请输入学号（0～9 数字）：", "输入学号")
            If Len(str) = 10 Then
                    yn = MsgBox("您输入的学号是" & str, 64, "提示")
            Else
            MsgBox "输入错误！不能查询！", 16, "特别提示"
            End If
            ElseIf yn = vbCancel Then
                    MsgBox "按学号查询操作被取消！", 48, "警告"
        End If
        End If
If Option2.Value = True Then
    str = InputBox$("请输入姓名：", "输入姓名")
            yn = MsgBox("您输入的姓名是" & str, 64, "提示")
        End If

    If Option3.Value = True Then
    str = InputBox$("请输入班级名称：", "输入班级")
            yn = MsgBox("您输入的班级是" & str, 64, "提示")
                End If
    End If
End Sub
```

5）运行程序。

知识提炼

本任务的核心知识点是输入对话框和消息框。

1．输入对话框

输入对话框是系统定义的对话框，该对话框包含一个消息提示、一个文本框以及两个命令按钮"确定"和"取消"。对话框等待用户输入文本或单击按钮，然后返回文本框的内容。文本框的样式是固定的，用户不能改变。

Visual Basic 提供的 InputBox 函数可以生成输入对话框。每执行一次 InputBox 函数，用户只能输入一个数据，另外，用户能改变的是文本框的"提示"和"标题"的内容，"提示"和"标题"都是字符串表达式。

语法：

InputBox[$]（提示 [, 标题][, 默认值][, x 坐标位置][, y 坐标位置])

$：可选项，表示当该参数存在时，返回的是字符型数据；该参数不存在时，返回的是变体型数据。

>> **提示** 必选项，一个字符表达式，用于提示用户输入的信息内容，可显示单行文字也可显示多行文字，但必须在行文字的末尾加回车符 Chr(13) 和换行符 Chr(10)。

标题：可选项，一个字符表达式，用于设置输入对话框标题栏中的标题。省略时使用工程名的标题。

默认值：可选项，用来在输入对话框的输入文本框中显示一个默认值。

需要注意的是：各项参数次序必须一一对应，除了"提示"不能省略外，其余各项均可省略，但省略部分后面如果还有其他参数则需要用逗号占位符跳过。

InputBox 函数有两种表达方式：一种为带返回值的，一种是不带返回值的。

1）带返回值的 InputBox 函数使用方法如下。

yy = inputbox$ (" 请输入姓名 ", " 姓名输入文本框 ", 2 000, 3 000)

显示结果是：文本框显示的左上角位置是在屏幕的（2 000，3 000），yy 获得的值在单击"确定"按钮时是一个文本框的字符串；在单击"取消"按钮时是一个零长度的字符串。InputBox 函数后的一对圆括号不能省略。

2）不带返回值的 InputBox 函数的使用方法如下。

inputbox$ " 请输入姓名 ", " 姓名输入文本框 ", 2 000, 3 000

显示结果与带返回值的 InputBox 函数使用方法的相同，但不会向表达式或变量传递返回值。InputBox 函数后的一对圆括号可以省略，但参数之间的逗号不可以省略，这是因为传输参数时是一一对应的，漏掉了逗号必定会出现错误。

2．消息框

执行 Visual Basic 提供的 MsgBox 函数，可以在屏幕上出现一个消息框，消息框通知用户消息并等待用户来选择消息框中的按钮，MsgBox 函数返回一个与用户所选按钮相对应的整数。

语法：MsgBox（提示 [, 标志和按钮][, 标题])

在 MsgBox 函数格式中，"提示"和"标题"的含义与 InputBox 函数相同，"标志和按钮"的含义复杂一些，它指定按钮的数目及类型，使用的图标样式及默认按钮等，是按钮数目、使用的图标样式以及默认按钮 3 项所对应的数据之和。"标志和按钮"的默认值是 0。

例如：

answer=MsgBox (" 确定要退出吗？ ", vbQuestion+vbYesNo, " 请选择 ")

vbQuestion（或数值 32）表示有 "？" 图标，vbYesNo（或数值 4）表示有 "是" 及 "否" 两个按钮，当用户单击消息框中的一个按钮后，消息框即从屏幕上消失。在上面的语句中，将函数的返回值赋给了变量 answer，在程序中可引用 answer 作相应的处理。

也可以写做：

answer=MsgBox (" 确定要退出吗？ ", 36, " 请选择 ")

即 36=32+4+0，表示显示 "是" 及 "否" 两个按钮、在对话框中显示 "？" 图标以及第 1 个按钮是默认值。

更多的 MsgBox 函数中 "按钮和标志值" 常量及数值可以参阅 Visual Basic 帮助的 "MsgBox 函数" 主题。

MsgBox 函数可以使用带返回值和不带返回值的两种表达形式。

MsgBox 函数的返回值常量及数值可以参阅 Visual Basic 帮助的 "MsgBox 函数" 主题。

不带返回值的表达形式如下。

MsgBox " 确定要退出吗？ " 36, " 请选择 "

这样的形式不能利用用户所单击按钮的值进一步判断操作，只起通知或者提醒警告的作用。

InputBox 函数格式固定并只能接受用户输入的一个值，可用于设计输入较为简单的信息的窗体，而 MsgBox 函数是单向地用户提供消息，并不接受输入，它的功能是告知用户发生了什么或刚才用户操作的结果，因此，适合作为消息提示或警告窗体的设计。

任务 2　通用对话框

使用通用对话框（CommonDialog）控件实现对系统对话框的调用。

任务情境

设计如图 5-6 所示的窗体，在左端的文本框内显示打开的文件，文本框内的文字可以设置字体，并保存。当使用右端的任意按钮时，标签标题显示为文件路径、文件名称和文件操作的描述。在运行中的窗体上，单击 "打开文件" 按钮，弹出 "打开" 对话框并允许用户选择任何文件路径下的任意文本文件，单击 "确定" 按钮后，文本内容显示在窗体的文本框内。如果单击 "保存文件" 按钮，则弹出 "另存为" 对话框并允许用户将文本框内的内容保存在用户选择的任何文件路径下的任意文本文件内容。如果单击 "设置字体" 按钮，则弹出 "字体" 对话框并允许用户设置关于字体的任何选项，单击 "确定" 按钮后，文本内容将按照 "字体" 对话框中的设置显示在窗体的文本框内。如果单击 "退出" 按钮，则该窗体被卸载。

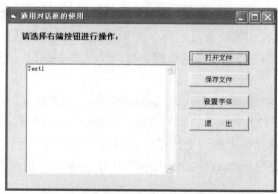

图 5-6 "通用对话框的使用"界面

任务分析

系统提供了打开文件、保存文件等对话框。

通过通用对话框的 Action 属性取 1～6 的不同数值，获得对"打开""另存为""颜色""字体""打印"和"帮助"对话框的调用。

调用的对话框本身只是一个标准界面，不能执行具体的功能，如果需要完成相关的功能，则必须在各对话框的代码中更改或传递相关属性值。

本任务会使用关于文件的相关内容，具体的语法形式和使用细则会在模块 7 详细讲解，本模块关于文件部分的内容只需了解含义。

任务实施

1）新建一个工程。

2）在工具箱的空白处单击鼠标右键，在弹出的快捷菜单中选择"部件"命令，打开"部件对话框"，为工具箱添加 CommonDialog 控件。

3）生成一个窗体，并在窗体上加装 1 个标签 Label1，1 个文本框 Text1、1 个通用对话框 CommonDialog1 和 4 个命令按钮分别是 Command1、Command2、Command3、Command4 等控件并设置属性，见表 5-2。

表 5-2　在属性窗口中设置属性

控 件 名		属 性 名 称	属 性 值
窗体	Form1	Caption	通用对话框的使用
标签	Label1	Caption	请选择右端按钮进行操作
文本框	TextBox1	Name	Text1
		Multiline	True
		ScrollBars	2-Vertical
命令按钮	Command1	Caption	打开文件
	Command2	Caption	保存文件
	Command3	Caption	设置字体
	Command4	Caption	退出

4）进入代码窗口，在相应的 Sub 块中添加如下代码。

```
Dim yn As Integer                                                    '定义一个整型变量
Private Sub Command1_Click ()
   CommonDialog1. Filter = " 文档 (*.doc;*.rtf;*.txt)|*.doc;*.ref;*.txt| 所有文件 (*.*)|*.*"
                                                                     '设置文件列表框中所显示文件的类型
   CommonDialog1. Action = 1                                         '调用"打开"对话框
   Label1. Caption = " 打开 " + CommonDialog1. FileName              '设置标签标题
   Text1. Text = ""                                                  '设置文本框初始值
   Open CommonDialog1. FileName For Input As #1                      '打开选择的文件
   Do While Not EOF (1)
      Line Input #1, inputdata                                       '读一行数据
      Text1. Text = Text1. Text + inputdata + vbCrLf
   Loop
   Close #1                                                          '关闭文件
End Sub

Private Sub Command2_Click ()
   CommonDialog1. FileName = "default. txt"                          '保存文件的默认文件名
   CommonDialog1. DefaultExt = "txt"                                 '默认的扩展名
   CommonDialog1. Action = 2                                         '调用"另存为"对话框
   Label1. Caption = " 保存 " + CommonDialog1. FileName
   Open CommonDialog1. FileName For Output As #1                     '打开文件写入数据
   Print #1, Text1. Text                                             '将文本框内的文本写入文件
   Close #1                                                          '关闭文件
End Sub

Private Sub Command3_Click ()
   CommonDialog1. flags = 3                                          '设置显示字体为屏幕字体或打印机字体均可
   CommonDialog1. Action = 4                                         '调用"字体"对话框
   Label1. Caption = " 为文件 " + CommonDialog1. FileName + " 设置字体 "
   Text1. FontName = CommonDialog1. FontName                         '设置文本字体
   Text1. FontSize = CommonDialog1. FontSize                         '设置文本字号
   Text1. FontBold = CommonDialog1. FontBold                         '设置文本粗体
   Text1. FontItalic = CommonDialog1. FontItalic                     '设置文本斜体
   Text1. FontStrikethru = CommonDialog1. FontStrikethru             '设置文本删除线
   Text1. FontUnderline = CommonDialog1. FontUnderline               '设置文本下画线
   Text1. ForeColor = CommonDialog1. Color                           '设置文本颜色
End Sub

Private Sub Command4_Click ()
   yn = MsgBox (" 在退出之前您的文件保存了吗？ ", 4, " 提示 ")
   If yn = 6 Then
      Unload Form1                                                   '卸载该窗体
   End If
End Sub
```

5）运行程序。

知识提炼

通用对话框控件

Visual Basic 提供了一组基于 Windows 的常用标准对话框界面，用户可以充分利用通用

对话框（Common Dialog）控件在窗体上创建 6 种标准对话框。它们分别为"打开"（Open）、"另存为"（Save As）、"颜色"（Color）、"字体"（Font）、"打印"（Printer）和"帮助"（Help）对话框。但是通用对话框不是标准控件，因此，使用前需要先把通用对话框控件添加到工具箱中，如图 5-7 所示。

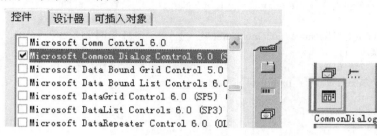

图 5-7　CommonDialog 控件选项和在工具箱上的图标

在设计状态，窗体上显示通用对话框控件图标，但在程序运行时，窗体上不会显示通用对话框，直到在程序中用 Action 属性或 Show 方法激活而调出所需的对话框。

通用对话框仅用于应用程序与用户之间进行的信息交互，是输入/输出界面，不能实现打开文件、存储文件、设置颜色、字体打印等操作。如果想要实现这些功能那么还得依靠编程实现。

通用对话框控件的主要属性和方法：

1）Left 和 Top 表示通用对话框的位置。

2）Action 属性和调用方法。该属性不能在属性窗口内设置，只能在程序中赋值，用于调出相应的对话框。

通用对话框的主要方法：

在实际应用中，除了可以通过对通用对话框的 Action 属性进行设置以明确对话框的类型外，还可以使用 Visual Basic 提供的一组方法来打开不同类型的通用对话框，见表 5-3。

表 5-3　通用对话框的 Action 属性和调用方法

对　话　框	值	调用方法	说　　明
无对话框显示	0		没有通用对话框被选择
"打开"对话框	1	ShowOpen	选取要打开文件的文件名和路径
"另存为"对话框	2	ShowSave	用于保存文件的文件名和路径
"颜色"对话框	3	ShowColor	从标准色中选取或创建要使用的颜色
"字体"对话框	4	ShowFont	选取基本字体及设置想要的字体属性
"打印"对话框	5	ShowPrinter	选取打印机同时设置一些打印参数
"帮助"对话框	6	ShowHelp	与自制或原有的帮助文件取得连接

通用对话框的特殊属性设置

在通用对话框的使用过程中，除了上面的基本属性外，每种对话框还有自己的特殊属性。这些属性可以在属性窗口或代码中进行设置，也可以在通用对话框控件的属性对话框中设置。在窗体上的通用对话框控件上单击鼠标右键，在弹出的快捷菜单中选择"属性"命令，即可调出通用对话框控件属性对话框，如图 5-8 所示。该对话框中有 5 个选项卡，可以分别对不同类型的对话框设置属性。例如，要对字体对话框设置，就选择"字体"选项卡。

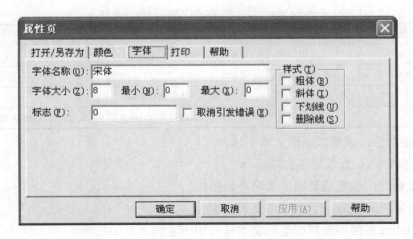

图 5-8   通用对话框控件 "属性页" 对话框

1. "打开"对话框的属性设置

FileName 属性：文件名称，表示用户要打开文件的文件名（包含路径）。

FileTitle 属性：文件标题，表示用户要打开文件的文件名（不包含路径）。

Filter 属性：过滤器属性，用于确定文件列表框中所显示文件的类型，是由一组元素或由 "|" 分开的分别表示不同类型文件的多组元素组成。

FilterIndex 属性：过滤器索引属性，整型，表示用户在文件类型列表框中选定了第几组文件类型。

例如，需要在 "文件类型" 列表框中显示以下 3 种类型的文件。

Text Files (*.TXT)

BITMAP (*.bmp)

ALL Files (*.*)

那么 Fileter 属性应设为：

Text Files (*.TXT)| *.TXT| BITMAP (*.bmp)| *.bmp| ALL Files (*.*)|*.*

如果选定所有文件 (*.*)，则 FilterIndex 属性的值为 3。

InitDir 属性：初始化路径属性，用来指定 "打开" 对话框的初始目录。

2. "另存为"对话框的属性设置

DefaultExt 属性：表示默认扩展名。

3. "颜色"对话框的属性设置

Color 属性：返回或设置通用对话框的颜色。

例如，Text1. ForeColor=CommonDialog1. Color

4. "字体"对话框的属性设置

Flags 属性：设置显示字体的类型。在显示 "字体" 对话框之前必须设置 Flags 属性，否则将发生不存在字体的错误，具体参数值见表 5-4。

表 5-4　"字体"对话框 Flags 属性设置值

对　话　框	值	说　　明
cdlCFScreenFonts	1	显示屏幕字体
cdlCFPrinterFonts	2	显示打印机字体
cdlCFBoth	3	显示打印机字体和屏幕字体
cdlCFEffects	256	在"字体"对话框显示删除线和下画线复选框以及颜色组合框

FontName 属性：设置或返回文本字体。

FontSize 属性：设置或返回文本字号。

FontBold 属性：设置或返回文本是否为粗体。

FontItalic 属性：设置或返回文本是否为斜体。

FontStrikethru 属性：设置或返回文本是否加删除线。

FontUnderline 属性：设置或返回文本是否加下画线。

Color 属性：返回或设置选定的字体颜色。

5．"打印"对话框的属性设置

Copies 属性：设置或返回打印份数。

FromPage 属性：设置或返回打印起始页号。

ToPage 属性：设置或返回打印终止页号。

例如：

```
I = CommonDialog1. Copies
for m=1 to i
Printer. Print Text1. Text '打印文本框中的数据
Printer. NewPage          '换页
Next i
Printer. EndDoc           '结束文档打印
```

通用对话框使用户的应用程序和其他软件在界面使用上统一规范，同时大大减少了编程工作量。

任务 3　自定义对话框

利用自定义对话框生成登录对话框和版本信息对话框。

任务情境

设计一个对话框，要求用户输入用户名和密码，如果输入正确，则显示"登录成功"并打开一个"展示屏幕"窗体，用户单击该窗体退出。如果输入 3 次不正确则显示"密码错误"并退出。

单击"确定"按钮，窗体开始检查录入的用户名和密码是否和程序中设计的字符串相同，如果用户名不相同则显示"用户名错误，请重新输入"；如果密码不相同则显示"无效的密码，请重试！"；如果输入次数已达 3 次，则显示"您的输入次数已到，不能登录！"并卸载窗体，直接单击"取消"按钮，窗体被卸载。如图 5-9 ～图 5-11 所示。

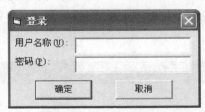

图 5-9 "登录"对话框模板

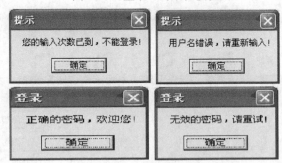

图 5-10 "登录"对话框中的消息框

图 5-11 "学生信息管理"版本信息对话框

任务分析

此类对话框是使用非常广泛的窗体，可以用两种方法来实现。第一种完全自定义"登录"窗体，自己添加窗体上的两个标签、两个文本框以及两个按钮和"展示屏幕"窗体上的所有控件。这种方法的设计在前面的内容已经讲过。第二种方法是利用对话框模板生成一个登录对话框和一个"展示屏幕"对话框，然后为其编写相关的代码以及属性设置。这里采用第二种方法，只需对代码作少量修改，就可以更简单快捷地获得美观大方实用的两个窗体。

任务实施

1）新建一个工程。

模块 5 对话框的应用

2）执行"工程"→"添加窗体"命令，选择"新建"选项卡下的"登录对话框"窗体，单击"打开"按钮，如图 5-12 所示。

3）执行"工程"→"添加窗体"命令，选择"新建"选项卡下的"展示屏幕"窗体，单击"打开"按钮，如图 5-12 所示。

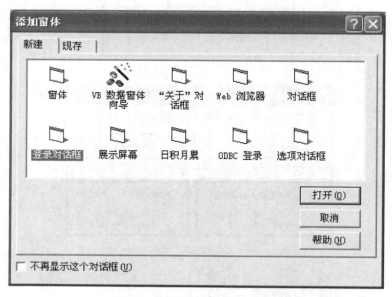

图 5-12 "添加窗体"对话框

4）在"展示屏幕"窗体的各个标签上设置相关属性和图标。设置属性的时候，只需单击窗体上的各个部分的文字就可在右端的属性窗口上对该控件属性进行修改。主要是一些标签的 Caption 属性的修改，如图 5-13 所示。

图 5-13 设计时的"展示屏幕"窗体

5）在登录窗体上分别双击"确定"和"取消"按钮，进入代码窗口，在相应的事件 Sub 块中添加如下代码。

```
Option Explicit
Public i As Integer
Public LoginSucceeded As Boolean

Private Sub cmdCancel_Click ()                    '设置全局变量为 False
                                                  '不提示失败的登录

    LoginSucceeded = False
    Me. Hide
End Sub

Private Sub cmdOK_Click ()
                                                  '检查正确的密码
 If txtUserName = "vb" Then
   If i < 3 Then
     If txtPassword = "123456" Then
                                                  '将代码放在这里传递
                                                  '成功到 calling 函数
                                                  '设置全局变量时最容易的

        LoginSucceeded = True
        MsgBox " 正确的密码，欢迎您 !", , " 登录 "
        Me. Hide
        Load frmSplash
        frmSplash. Show
     Else
        MsgBox " 无效的密码，请重试 !", , " 登录 "
        txtPassword = ""
        txtPassword. SetFocus
        SendKeys "{Home}+{End}"
        i = i + 1
    End If
   Else
     MsgBox " 您的输入次数已到，不能登录 !", , " 提示 "
     LoginSucceeded = False
     Me. Hide
   End If
 Else
   MsgBox " 用户名错误，请重新输入 !", , " 提示 "
   txtUserName = " "
   txtUserName. SetFocus
  End If
End Sub

Private Sub Form_Load ()
   i = 1
End Sub
```

6）在"展示屏幕"窗体的空白处单击鼠标右键查看代码，但不需要更改。

7）在"工程"菜单中选择"工程属性"并设置工程名称、版本号等属性值，单击"确定"按钮。

8）运行程序。

知识提炼

利用对话框模板，是快速生成形式美观、符合要求的对话框的有效手段之一，使用该方法可以拓展生成对话框的形式。

可以通过执行"工程"→"添加窗体"命令，打开"添加窗体"对话框，在其中的"新建"选项卡下，有许多常用对话框的模板。在这些模板产生的对话框窗体中，系统自动生成的相关代码已经存在，用户只需要将自己设置的相关属性和要添加的代码加入其属性窗口和代码中即可。

完全自定义对话框的显示与关闭需要通过代码进行控制，显示可通过窗体的 Show 方法实现，关闭可通过 Unload 方法实现。

也可以通过"现存"选项卡将用户自己的模板添加到 Visual Basic 工程环境，作为资源反复使用。

日积月累

Option 语句

Visual Basic 中的 Option 语句是针对编译器的语句，对模块的语法规则进行规范约束。通常在模块级别中使用，必须写在模块的所有过程之前。

常用的 Option 语句有 Option Base、Option Compare 和 Option Explicit。

1. Option Base 语句

Option Base 语句用来声明数组下标的默认下界。

语法

Option Base {0 | 1}

说明

下界的默认设置是 0，因此，无需使用 Option Base 语句。如果使用该语句，则必须写在模块的所有过程之前。一个模块中只能出现一次 Option Base，且必须位于带维数的数组声明之前。

2. Option Compare 语句

用于声明字符串比较时所用的默认比较方法。

语法

Option Compare {Binary | Text | Database}

说明

Option Compare 语句为模块指定字符串比较的方法（Binary、Text 或 Database）。如果模块中没有 Option Compare 语句，则默认的文本比较方法是 Binary。两列字符串的比较，在英文中，二进制比较要区分大小写；文本比较则不区分大小写。

3. Option Explicit 语句

Option Explicit 语句强制显式声明模块中的所有变量。

语法

Option Explicit

说明

如果模块中使用了 Option Explicit，则必须使用 Dim、Private、Public、ReDim 或 Static 语句来显式声明所有的变量。如果使用了未声明的变量名则在编译时会出现错误。

模 块 小 结

本模块通过 3 个任务，为用户提供了学习 Visual Basic 中各类对话框的方法。输入对话框、消息框、通用对话框、对话框模板以及前面内容中的自定义窗体的设计，使设计 Visual Basic 程序的读者可以有效地组合各类传递消息的界面，获得数据，显示信息，连接各个应用模块。

实 战 强 化

1）实现一个打折显示的窗口，要求用户输入某商品的订购数量（0～100之间），单击"确定"按钮后显示根据数量给予的折扣：10 件以下无折扣，11～19 件九折，20～29 件八折，30～49 件七折，50～79 件六折，80～100 件五折，如果超出了 0～100 的范围，则显示超出范围并等待重新输入，如果单击了"取消"按钮，则直接退出，如图 5-14 所示。使用输入对话框和消息框完成。

图 5-14 "商品订购打折信息"窗体

>> **提示** | 本例可以参照任务 1 来实现。在确定按钮中要设置多个条件判断语句来完成不同消息框的显示。条件判断语句可以使用 Select Case 语句实现。

2）在窗体上显示一个文本框可以实现文本的编辑，带有 3 个按钮分别是"打开…""另存为…""颜色…"，并实现对文本文件的打开、文本内容的存储、文本颜色的改变，如图 5-15 所示。

>> **提示** | 　　命令按钮的事件过程可参照任务2。要使用通用对话框"打开""另存为""颜色"和"打印"对话框。"打印"对话框的属性设置可参照例题中的属性设置。

　　3）利用工程中的"添加窗体"菜单命令，生成一个"屏幕展示"模板，如图5-16所示。

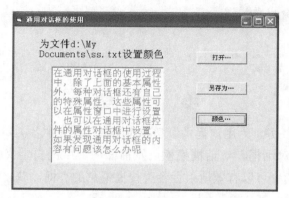

图5-15　"文本文件的打开、保存和设置颜色"窗体

图5-16　"展示屏幕"对话框

模块 6　图形图像处理

Visual Basic 特点

Visual Basic 提供了丰富的图形功能，既可以直接使用图形控件，也可以通过图形方法在窗体中输出文字和任意形状的图形，还可以作用于打印机对象。Visual Basic 也提供了在窗体上调用和显示各类图片的功能，图片框和图像框控件的使用可以使用户的界面窗体更加美观、友好。

工作领域

图形程序界面已经成为程序设计的主流，图形图像在各种类型的窗体中均有应用。在应用程序中需要绘制各类矢量图形，Visual Basic 也可以基本满足需要，增加应用程序界面的趣味性，其可视性的操作也方便用户使用。

技能目标

通过本模块内容学习和实践，能够掌握 Visual Basic 语言中的关于图形图像处理的基本方法，掌握各类图形控件，利用相关的绘图方法绘制基本的图形，设置颜色、线型、填充样式等，以及利用图像控件及相关方法显示图片或者制作小型动画。

任务 1　信息系统的欢迎界面

利用 Visual Basic 图形处理中的 Line、Pset、Circle、Cls 方法，设计完成带有电视发射塔和欢迎文字的信息系统界面。

任务情境

在窗体上绘图是应用程序常见的设计手段。本任务使用 Visual Basic 的各类图形方法在窗体上绘制一组图案。程序运行开始，就在窗体上显示出绿色的电视发射塔身和不断发散开来的彩色电波以及自下而上滚动的欢迎文字。鼠标在窗体的任意位置单击后，计算机屏幕上擦除所有图形。运行结果如图 6-1 所示。

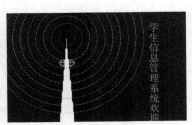

图 6-1　"信息系统欢迎界面"窗体

任务分析

在该任务中，可以发现整个图形由 4 部分组成，发射塔的塔身、发射塔上半部分的椭圆体、电波和标签文字。其中塔身是由多条不同宽度的直线叠加获得的；而发射塔上部的椭圆形突起部分内有网格状的填充。最后，电波的发射是形成了一个又一个虚线型圆，利用赋予圆不同的颜色和半径而获得了这样的效果。在操作中需要在窗体上画出塔身和椭圆，然后生成若干个圆形，并为这 3 部分提供颜色、填充形式、线型、线宽。

由于要产生电波不断向外发散的效果，需要添加一个定时器控件，设定一定的时间间隔画圆，在画圆的时候随机给出圆的颜色值和变化的半径值。

另外，设置一个定时器控件，用来控制标签从窗体底部慢慢向上移动。当标签移出屏幕时，重新从底部开始移动，移动过程中变换文字的显示颜色。标签控件在前面的内容中已讲述，故不赘述。

可以利用 Visual Basic 所提供的图形处理方法实现发射塔的图形设计。

1）用 Line (Xstart, Ystart)-(Xend, Yend) 绘制塔身。

2）用 Circle (x, y) 画椭圆，并填充，绘制塔身上部的椭圆形突起部分。

3）用 Pset (x, y) 画点，确定塔尖发射的中心点，用 Circle (x, y) 画圆，绘制电波，利用定时器控件的特性，使电波延时向外发送。

4）用 Cls 清除屏幕遗留下来的痕迹。

在窗体上绘制图形必须提供一种指示位置的坐标，参考坐标位置，设定需要确定绘图的位置，然后根据设定的位置画出图形。假如默认窗体的左上角为坐标原点，那么所有的绘制过程的位置都是相对于该原点描述的。

任务实施

1）新建一个工程。

2）在窗体上添加 1 个时钟控件，设置相关属性，见表 6-1。

表 6-1　在属性窗口中设置属性

	控 件 名	属 性 名 称	属 性 值
窗体	Form1	BorderStyle	0-None
		ControlBox	False
		Name	Frmwelcome
		StartUpPosition	2- 屏幕中心
		AutoreDraw	True
时钟控件	Timer1	Interval	100
	Timer2	Interval	200
标签控件	Label1	BorderStyle	0-None
		Caption	学生信息管理系统欢迎你！
		Font	楷体
		FontSize	20

3）在窗体上双击，进入代码窗口，在窗体的 Load 事件和 Click 事件以及定时器的
Timer 事件的 Sub 块中添加如下代码。

```
Dim i As Integer                              '设置生成直线的循环变量
Dim j As Integer                              '设置电波发送的循环变量
Dim r As Byte, g As Byte, b As Byte

Private Sub Form_Click ()
    Timer1. Interval = 0                      '设置定时器的时间间隔为 0
    Cls                                       '清除屏幕
    Frmwelcome. Hide
End Sub

Private Sub Form_Load ()
    BackColor = RGB (0, 0, 0)                 '实际运行中可设置背景色为黑色
                                              '塔身的生成

    j = 0
    DrawWidth = 1                             '设置线宽
    PSet (ScaleWidth / 3, 1000)              '在三分之一宽度和高度 1000 处画点
    ForeColor = RGB (0, 255, 0)              '设置前景色为绿色
    For i = 1 To 50 Step 5                    '设置循环生成直线
      DrawWidth = i                           '设置直线宽度值为循环变量
      Line –Step (0, ScaleHeight / 10)        '从当前位置按步幅 ScaleHeight / 10 画线
    Next i
                                              '生成塔上部的突起
    DrawWidth = 1                             '重新设置线宽
    FillStyle = 6                             '设置填充样式为十字线
    FillColor = ForeColor                     '设置填充线的颜色为前景色
    Circle (ScaleWidth / 3, 2000), 300, , , , 0.5  '画横向椭圆
End Sub

Private Sub Timer1_Timer ()
    FillStyle = 1                             '图形方法生成的圆或方框的模式为透明
    DrawStyle = 2                             '输出的线型样式为虚线
    r = 255 * Rnd                             '生成的红色随机参数
    g = 255 * Rnd                             '生成的绿色随机参数
    b = 255 * Rnd                             '生成的蓝色随机参数
    j = j + 1
    Circle (ScaleWidth / 3, 1000), 300 * j, RGB (r, g, b)
                                              '以定时器规定的时间间隔画半径相差 300 的颜色随机的圆
    If j = 10 Then j = 0 '
End Sub
    Private Sub Timer2_Timer()
    For i = 1 To 10000 Step 50
    Label1.Top = (Label1.Top - 1)            '使控件位置发生变化
    Label1.ForeColor = RGB(r, g, b)          '使控件前景色发生变化
    If Label1.Top = -Label1.Height Then Label1.Top = ScaleHeight
                                              '标签移出窗体后重新设置开始滚动的初始位置

    Next i
    End Sub
```

知识提炼

在 Visual Basic 中提供了一系列用于作图的控件和图形方法，利用这些控件或方法可以在窗体和控件中画出基本的图形，包括点、直线、矩形、圆、椭圆等。利用这些基本图形还可以组合得到更复杂的图形。

标准控件中包含了 2 种图形控件，直线（Line）控件和形状（Shape）控件。Visual Basic 常用的图形方法有 Line、Circle、Pset、Point、Cls 等。本任务涉及的知识点主要是直线（Line）控件和形状（Shape）控件以及相关的图形属性和图形方法。

在 Visual Basic 中绘制图形一般需要 4 个步骤：

1）先定义图形载体窗体对象或图形框对象的坐标系。

2）指定线宽、线型、色彩、填充等属性。

3）指定画笔的起始点和终止点位置或使用图形控件绘图。

4）调用绘图方法绘制图形或改变图形控件的属性。

1. Visual Basic 的坐标系统

在 Visual Basic 中每个容器都有一个坐标系，以便实现对对象的定位，容器可以采用默认的坐标系，也可以采用用户自定义的坐标系。构成一个坐标系统需要 3 个要素：坐标原点、坐标度量单位和坐标轴的方向。

1）默认坐标系。当新建一个窗体时，新窗体采用默认坐标系，坐标原点在容器的左上角，横向向右为 x 轴正方向，纵向向下为 y 轴正方向，窗体的默认大小为：Height=3600、Width=4800、ScaleHeight=3195、ScaleWidth=4680，度量单位为 Twip。其中实际可用高度和宽度由 ScaleHeight 和 ScaleWidth 指定。可以通过属性窗口或鼠标拖曳改变 Height 和 Width 的值，如图 6-2 所示。

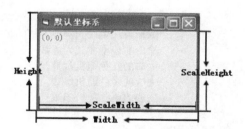

图 6-2　默认坐标系的属性

2）自定义坐标系。在创建坐标系统时，Scale 方法可以帮助设置一个坐标系，它可以定义 Form、PictureBox 或 Printer 的坐标系统。Scale 方法可以使坐标系统重置到所选择的任意刻度，Scale 方法对运行时的图形语句以及控件位置的坐标系统都有影响。

语法：对象名 .Scale [(xLeft, yTop)-(xRright, yBottom)]

对象名：可以是窗体、图形框或打印机，默认为带有焦点的当前窗体。

Step：表示采用当前作图位置的相对值。

(xLeft, yTop)：对象的左上角的坐标值。

(xRight, yBottom)：对象的右下角的坐标值。

窗体或图形框的 ScaleMode 属性决定了坐标所采用的度量单位，默认值为 Twip。

任何时候在程序代码中使用 Scale 方法都能有效和自然地改变坐标系统，当 Scale 方法不带参数时，自动取消用户自定义的坐标系，而采用默认坐标系。

3）设置绘图坐标。绘图方法的水平或垂直坐标设置。

语法：

对象名 .CurrentX[=x]

对象名 .CurrentY[=y]

x：确定水平坐标的数值。

y：确定垂直坐标的数值。

坐标从对象的左上角开始测量，默认以 Twip 为单位，编程过程中不同的图形方法 CurrentX 属性和 CurrentY 属性的设置值会有所变化。例如，Circle 方法默认的 CurrentX 属性和 CurrentY 属性为对象的中心；Cls 方法默认的 CurrentX 属性和 CurrentY 属性为 (0, 0)；Line 方法默认的 CurrentX 属性和 CurrentY 属性为线终点；Print 方法默认的 CurrentX 属性和 CurrentY 属性为下一个打印位置；而 Pset 方法默认的 CurrentX 属性和 CurrentY 属性为画出的点的坐标。

2．线宽、线型、色彩、填充等属性的设置

（1）设置线宽　DrawWidth 设置所画线的宽度或点的大小。以像素为度量单位，最小值为 1。

语法：对象名 .DrawWidth [=Value]

（2）设置线型　DrawStyle 设置所画线的形状。根据所赋的数值，绘制图形的线条样式发生改变。

语法：对象名 .DrawStyle [=Value]

Value 的值决定其线型的样式，设置值见表 6-2。

表 6-2　DrawStyle 属性值与样式对应

常　数	设置值	说　明
VbSolid	0	实线
VbDash	1	虚线
VbDot	2	点线
VbDashDot	3	点画线
VbDashDotDot	4	双点画线
VbInvisible	5	无线
VbInsideSolid	6	内收实线

（3）设置绘图模式属性　DrawMode 用于返回或设置一个值，以决定图形方法的输出外观或者 Shape 及 Line 控件的外观。具体的说，就是设置一种所画形状的颜色与屏幕已存在颜色的合成方式。

语法：对象名 .DrawMode [=Value]

Value 的值决定其颜色合成样式，Value 的值取 1 ～ 16，常用的设置值见表 6-3。

表 6-3　DrawMode 的属性值

常　　数	设　置　值	说　　明
VbBlockness	1	黑色
VbInvert	6	反转色
VbXorPen	7	画笔或显示颜色之一
VbNop	11	无操作
VbCopyPen	13	复制笔（默认值）前景色指定的颜色
VbWhiteness	16	白色

（4）设置边框

1）BorderStyle 属性设置或返回对象的边框样式。

语法：对象名 .BorderStyle [=Value]

Value 的值决定其线型的样式，设置值见表 6-4。

表 6-4　BorderStyle 属性设置

常　　数	设　置　值	说　　明
VbSTransparent	0	透明
VbBSSolid	1	实线（默认值）边框处于形状边缘的中心
VbBSDash	2	虚线
VbBSDot	3	点线
VbBSDashDot	4	点画线
VbBSDashDotDot	5	双点画线
VbBSInsideSolid	6	内收实线。边框的外边界就是形状的外边缘

2）BorderWidth 属性设置和返回控件对象边框的宽度。

语法：对象名 .BorderWidth [=Value]

Value 的值决定其线型的样式，设置值范围为 1 ～ 8192。

用 BorderWidth 和 BorderStyle 属性来指定所需的 Line 或 Shape 控件的边框类型。表 6-5 给出了 BorderStyle 属性设置值对 BorderWidth 属性的影响。

表 6-5　BorderStyle 属性对 BorderWidth 属性的影响

边 框 样 式	对 BorderWidth 属性的影响
0	忽略 BorderWidth 的设置
1-5	边框宽度从边框中心扩大，控件的宽度和高度从边框的中心度量
6	边框宽度在控件上从边框的外边向内扩大，控件的宽度和高度从边框的外面度量

3）BorderColor 属性用于设置和返回控件对象边框的颜色。

语法：对象名 .BorderColor[=color]

color：值或常数，用来确定边框颜色，既可以是标准 RGB 颜色（使用调色板或在代码中使用 RGB 或 QBcolor 函数指定的颜色），也可以是系统默认的颜色（由系统颜色常数指定的颜色）。

（5）设置色彩

1）BackColor：返回或设置背景色。

语法：对象名 .BackColor[=color]

2）ForeColor：返回或设置前景色。

语法：对象名 .ForeColor[=color]

3）设置颜色使用 RGB 函数或者 QBColor 函数，RGB 函数颜色取值见表 6-6。

语法：RGB (red, green, blue)

表 6-6　RGB 函数颜色取值

参　　数	说　　明
red, green, blue	必要的参数，分别代表颜色中的红、绿、蓝色成分，数值范围都为 0 ～ 255

语法：QBColor (Value)

Value 的值取 0 ～ 15 的整数值，每个值代表一种颜色。

任意颜色属性的设置都能使用以上两种函数。还可以使用颜色的常数如 vbRed、vbGreen、vbBlue、vbWhite、vbYellow 等。

（6）设置填充效果

1）FillColor。指定填充图案的颜色。

语法：对象名 .FillColor[=color]

在默认情况下，FillColor 属性值设置为 0（黑色），除 Form 对象外，如果 FillStyle 属性设置为默认值 1（透明），则忽略 FillColor 属性设置值。

2）FillStyle。设置填充图案的样式。FillStyle 的属性值与填充形式对应见表 6-7。

语法：对象名 .FillStyle [=value]

表 6-7　FillStyle 的属性值与填充形式对应

常　　数	设　置　值	说　　明
VbSSolid	0	实线
VbSTransparent	1	（默认值）透明
VbhorizontalLine	2	水平直线
VbVerticalLine	3	垂直直线
VbUpwardDiagonal	4	上斜对角线
VbDownWardDiagonal	5	下斜对角线
VbCross	6	十字线
VbDiagonalCross	7	交叉十字线

3．图形控件

在工具箱上有两个比较重要的图形控件，形状控件（Shape 控件）和画线工具控件（Line 控件）。使用以上两个控件可绘制多种图形和线条，如图 6-3 所示。

图 6-3　工具箱上的形状控件和画线工具控件

画线工具控件（Line 控件）：

Line 控件是图形工具，该图形控件主要用于修饰窗体和显示直线。可以在窗体或其他容器控件中画出水平线、垂直线或者对角线。

语法：

对象名 .X1 [=value]

对象名 .Y1 [=value]

对象名 .X2 [=value]

对象名 .Y2 [=value]

通过 (X1, Y1) 和 (X2, Y2) 两点画一条直线。

Shape 控件和 Line 控件的主要用途是增强窗体的外观，可以在窗体或图片框上放置，在程序运行中这些控件是位置固定的。在程序代码中可以引用 Shape 控件和 Line 控件，但实际应用会受到以下限制。

Shape 控件和 Line 控件没有事件，在运行中不能响应系统产生的事件或用户操作。

Shape 控件和 Line 控件只有有限的属性和方法，在实际中很少使用，但改变它们的属性值可以产生各种视觉效果。

Shape 控件和 Line 控件没有 TabIndex 属性，运行时不能用鼠标或键盘访问这些控件。

4．图形方法

使用图形方法能使图形设计更方便，并减少程序代码。用图形方法创建图形是在程序代码中进行的，绘图效果需要在运行应用程序时才能看到，对于界面上的简单绘图，图形方法不能代替图形控件的作用。

1）Pset 方法。

功能：在指定对象的指定位置画指定颜色的点。

语法：

对象名 .Pset (x, y)[,Color]

对象名：表示点绘制于的对象，可以是窗体、图形框或打印机，默认为当前窗体。

(x, y)：点的坐标。

Color：设置点的颜色，默认值为前景色。如果设置点的颜色为背景色则可以擦除该点。

2）Line 方法。

功能：在对象的两个指定点之间画指定颜色的直线、矩形或填充框。

语法：对象名 .Line [[Step](x1, y1)- [Step](x2, y2) [,Color] [,B[F]]

对象名：表示直线绘制于的对象，可以是窗体或图形框，默认为当前窗体。

Step：表示采用当前作图位置的相对值。

(x1, y1)：为线段的起点坐标或矩形的左上角坐标。

(x2, y2)：为线段的终点坐标或矩形的右下角坐标。

Color：线段或矩形的颜色。

B：表示画矩形。

F：表示用画矩形的颜色来填充举行，关键字 F 必须与关键字 B 一起使用。如果只用 B 不用 F，则矩形的填充由 FillColor 和 FillStyle 属性决定。

例如：

```
Line (200, 500)-(1000, 500), RGB(0, 0, 255)          '深蓝色水平直线
Line (1500, 500)-(2500, 1000)                         '斜线
Line (3000, 100)-(3000, 1000)                         '垂直直线
Line (3300, 500)-(4000, 1000), , B                    '透明填充的矩形
FillStyle = 0
FillColor = QBColor (2)
Line (4500, 500)-(5000, 1200), , B                    '绿色实心填充的矩形
FillStyle = 0
ForeColor = QBColor (12)
Line (5800, 500)-(6200, 1200), , BF                   '亮红色前景色实心填充的矩形
Line (6500, 600)-(7500, 800)                          '3 条线组合成的三角形
Line -(6800, 900)
Line -(6500, 600)
```

运行结果如图 6-4 所示。

图 6-4　Line 方法示例

3）Circle 方法。

功能：画圆、椭圆、扇形、圆弧或楔形饼块。

语法：对象名 .Circle[Step](x, y), 半径 [, [Color][, [起始点][, [终止点] [, 长短轴比率]]]]

对象名：表示 Circle 绘制的对象，可以是窗体、图形框或打印机，默认为当前窗体。

Step：表示采用当前作图位置的相对值。

(x, y)：为圆心坐标。

起始点、终止点：圆弧和扇形通过参数起始点和终止点控制，采用逆时针方向绘制，以弧度为单位，取值在 0 ～ 2π，当在起始点和终止点前加一个负号时，表示画出圆心到圆弧的径向线。参数前出现的负号并不能改变绘图时的旋转方向，该旋转方向总是从起始点按逆时针方向画到终止点。

Color：线段或矩形的颜色。

模块 6 图形图像处理

长短轴比率：指定所画椭圆的水平长度和垂直长度比。该参数是正的浮点数，不能为负。控制绘制的图形是圆还是椭圆。小于 1，椭圆沿垂直轴拉长；大于 1，椭圆沿水平轴拉长。默认值为 1，表示绘制圆形。

>> **注意** | 　　使用 Circle 方法可以省略中间的参数，但分隔的逗号不能省略。

例如：

```
Circle (1000, 2000), 500
Circle (2500, 2000), 500, RGB (255, 0, 0), –0.0001, –1.83
Circle (4000, 2000), 500, , , , 0.5
Circle (5000, 2000), 500, , –0.8, 1.9
```

得到的结果如图 6-5 所示。

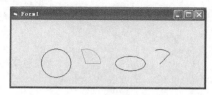

图 6-5　Circle 方法示例

4）Cls 方法。

Cls 方法用于清除运行时窗体或图形框所生成的图形和文本。

语法格式如下：

对象名 .Cls

对象名：表示图形绘制于的对象，默认为当前窗体。

>> **注意** | 　　设计时放在窗体上的用 Picture 属性设置的背景位图或其上的控件不受影响，设置 AutoReDraw 的属性值为 True 的情况下运行的文本和图形也不受影响。

任务 2　设计带有节日提醒的个性台历

利用图片框控件和图像框控件显示 GIF 和 JPEG 格式的文件，生成一个能够翻页和显示月份的台历。

任务情境

生成一个窗体，创建一个能够翻页的台历，显示对应的月份，并显示所有的节日列表，如图 6-6 所示。执行程序，在展开的窗体中拖动滚动条可以看到左边图片和月份显示的变化，拖动文本框的上下和左右滚动条即可查看节日列表。

图 6-6 "带有节日提醒的个性台历"窗体

任务分析

本任务窗体的主要功能是显示各月份的数字和图片，显示整个年度的所有节日，通过调整滚动条使图片和月历发生相应的变化，从而获得像能够翻页的活动台历一样的窗体。可以利用 Visual Basic 所提供的图片框控件和图像框控件以及文本框和滚动条实现这一目的。

1）用图像框控件显示台历的封面图片，用图片框控件显示月份，用 LoadPicture 函数装载图片。

2）用文本框显示 jrtx.txt 文件的内容。

3）设置滚动条的最小值和最大值，使之滚动产生的数值在 1 ~ 12 之间。

4）用滚动条的 HScroll1_Change 事件来控制图像框和两个图片框中图片的显示。

实现任务需要在窗体上创建本任务需要很多的图片文件，在文件夹有 13 张 JPEG 格式的文件作为左端图片的显示，其中一张作为台历的封面在窗体载入时呈现，其他 12 张翻页显示每个月份。还有 10 张 GIF 格式文件，内容为数字 0 ~ 9 的图片文件，为了在实际使用中使用循环变量直接装载文件，将这些图片文件的名字已经改为"数字＋扩展名"的形式。

显示月份的两个图片框中的内容是独立的，在窗体载入的时候，将两个图片框内的内容都显示为 0，然后通过滚动条的变化设置这两幅图片。为了组成 1 ~ 12 的数字，在程序段，需要将个位数和十位数通过判定数值是否大于 10 来确认十位数上的图片显示为 0 或 1，而个位数的图片显示为数值与 10 的差或者数值本身。用这样的方法来获得月份变化的效果。

节日提醒下的文本框需要显示一年中的重要节日，将所有的节日录入 jrtx.txt 的文件中，在窗体装载的时候将该文件的所有内容显示在该文本框中。为了使用户可以上下和左右滚动观看，需要设置滚动条和多行显示的属性。文件的使用方法会在模块 7 具体讲解，本模块只需要认可这样一种使用文件的方法。

任务实施

1）新建一个工程。

2）在窗体上添加 1 个文本框控件 TextBox、1 个标签控件 Label、1 个图像框控件

Image、1 个水平滚动条控件 HScrollBar 和 2 个图片框控件 Picture，设置相关属性见表 6-8。

表 6-8　在属性窗口中设置属性

	控 件 名	属 性 名 称	属 性 值
窗体	Form1	Caption	图片框和图像框的使用——个性台历
图片框	Picture1	Autosize	True
	Picture2	Autosize	True
标签	Label1	Caption	节日提醒
图像框	Image1	Stretch	True
水平滚动条	HScrollBar1	Max	12
		Min	1
文本框	Text1	MultiLine	True
		ScrollBars	3
		Locked	True

3）在窗体上双击，进入代码窗口，在窗体的 Load 事件和 HScroll1 的 Change 事件的 Sub 块中添加如下代码。

```
Dim i As Integer
Private Sub Form_Load ()
    Image1. Picture = LoadPicture (App. Path & "\yl\js.jpg")
    Label1. Caption = " 节日提醒："
    Open App. Path & "\" & "jrtx. txt" For Input As #1              '以顺序方式打开文件
    Text1. Text = ""
    Do Until EOF (1)                                                '文件未到尾部
        Line Input #1, newline                                     '读文件中的一行到变量 newline 中
        Text1. Text = Text1. Text + newline + Chr (13) + Chr (10)
    Loop
    Close #1
    Picture1. Picture = LoadPicture (App. Path & "\yl\0.gif")
    Picture2. Picture = LoadPicture (App. Path & "\yl\0.gif")
End Sub

Private Sub HScroll1_Change ()
    i = HScroll1. Value
    Image1. Picture = LoadPicture (App. Path & "\yl\" & i & ".jpg")
    If i < 10 Then
        Picture1. Picture = LoadPicture (App. Path & "\yl\0.gif")
        Picture2. Picture = LoadPicture (App.Path & "\yl\" & HScroll1. Value & ".gif")
    Else
        i = i - 10
        Picture1. Picture = LoadPicture (App. Path & "\yl\1.gif")
        Picture2. Picture = LoadPicture (App. Path & "\yl\" & i & ".gif")
    End If
End Sub
```

4）运行程序。

知识提炼

任务 2 的主要知识点是图片框控件和图像框控件的使用，它们是工具箱里的两个常用的控件，主要用来显示图形或图片，如图 6-7 所示。

图 6-7　工具箱上的图片框控件和图像框控件

图片框（Picture Box）控件在模块 4 已作详细介绍。

图像框（Image）控件

图像框控件也可以用来显示图形。图像框控件可以显示的格式包括位图、图标、图元文件、增强型图元文件、JPEG 或 GIF 文件。除此之外，图像框控件还可以响应 Click 事件，可代替命令按钮或作为工具条的项目。

1. Picture 属性

功能：用于返回或设置控件中要显示的图片。

语法：对象名 .Picture [=picture]

对象名：对象表达式。

picture：字符串表达式，指定一个包含图片的文件。

2. Stretch 属性

功能：用于返回或设置一个值，用来指定图形是否要调整大小以适应 Image 控件的大小。

语法：对象名 .Stretch [=boolean]

对象名：对象表达式。

boolean：一个用来指定是否能够调整图形大小的布尔表达式。

> **≫　注意**　　Stretch 属性和 Autosize 属性的不同之处在于前者调整图片适应图像框控件，后者调整图片框控件适应图片。

图像框控件使用的系统资源比图片框控件少，而且重新绘图速度快，但它只支持图片框控件的一部分属性、事件和方法，而图片框控件具有作为其他控件提供容器和支持图形方法的功能。图像框控件和图片框控件支持相同的图片格式，但是图像框控件中可以调整图片的大小使之适合控件的大小，在图片框控件中却不能这样做。

图像处理函数

1. LoadPicture 函数

功能：将图形载入各类控件的 Picture 属性或 Icon 属性中。

语法：LoadPicture ([FileName], [Size], [Colorepth], [x, y])

FileName：字符串表达式用来指定一个文件名，可以包括文件夹和驱动器，如果未指定文件名，则 LoadPicture 清除图像或 PictureBox 控件。

Size：可选项，如果 FileName 是一个光标或图标文件，则指定想要的图像大小。

Colorepth：可选项，如果 FileName 是一个光标或图标文件，则指定想要的颜色深度。

x, y：必须成对使用，如果 FileName 是一个光标或图标文件，则指定想要的宽度和高度，只有当 Colorepth 设为 vbPCustom 时，才使用 x 和 y。

例如，Form1. Icon=LoadPicture ("c:\tp\heart.ico")。

2．SavePicture 函数

功能：将对象或控件的 Picture 或 Image 属性的图形保存到文件中。

语法：SavePicture Picture, stringexpression

Picture：产生图形的图片框控件或图像框控件名。

Stringexpression：要保存的图形文件名。

例如，SavePicture Image1, "d:\ss\abc.jpg" 将对象 Image1 中的图片保存到 D 盘 ss 文件夹下的名为 abc.jpg 文件中。

日积月累

动画技术

动画是利用了人眼的视觉暂留特性，快速地展示静态的若干张连续的图片，产生动态变化的技术形式。动画技术能够使屏幕上显示出来的画面或画面的一部分按照一定的规律在屏幕上活动，产生活动的效果。常用的方法如下。

移动控件：在程序设计中，按一定规律更改控件的位置坐标 Left、Top 属性或对控件调用 Move 方法，可使控件发生相对于窗体的运动，从而呈现出动画效果。

切换图形：在程序设计中，通过更改控件的 Picture 属性，使程序在一定的时间间隔内连续显示一定数量的只有细微差别的图片，亦可产生动态效果。

移动控件与图片切换相结合：在程序设计过程中，既改变控件相对于窗体的位置，又使控件中的图片在一些只有细微差别的图片间切换，可实现动感很强的动画效果。

模 块 小 结

本模块内容讲授了关于 Visual Basic 中图形图像的处理方法，简单的图形既可以通过工具箱上的控件在设计时绘制在窗体、图片框、打印机上，也可以通过图形方法在运行时绘制在窗体、图片框、打印机上。需要装载到窗体上的图片可以通过 Visual Basic 提供的图片框和图像框来载入，设计时使用 Picture 属性，运行时使用 LoadPicture 函数。利用定时器的特性，结合图片框和图像框可以实现小型动画的设计。

6

CHAPTER

实 战 强 化

1）在窗体中生成如图 6-8 所示的"闪动的图案"窗体。设置图形填充图案、颜色线形和线宽等，所有的图形生成都在代码中实现，其中直线是动态向外延展。

> **提示** | 可参考任务 1 在定时器中的代码设计。

2）生成一个风景画册，如图 6-9 所示。通过滚动条，可以查看全部 6 张风景图片。

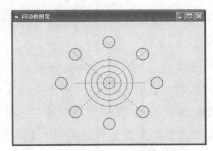

图 6-8 "闪动的图案"窗体

图 6-9 "风景画册"窗体

> **提示** | 使用形状控件画出矩形像框；使用图像框控件并设置图像框的 Stretch 属性。

3）提供了 4 张不同颜色的蝴蝶图片，生成一个蝴蝶变色并沿着窗口从左到右不断平行移动的小动画，如图 6-10 所示。

> **提示** | 使用图像框控件并设置图像框的 Left 属性。

4）利用图像框控件和定时器制作一个小型动画。在该窗体上单击"演示"按钮，左端的图像框中的图片开始快速显示，就好像一只手快速地打开手指数数一样。图片上端的标签快速显示从 1 到 100 的数值，底端的进度条也随着数字的增大不断向右推进直到 100 结束。如果单击"停止"按钮，则画面就会静止下来，停在装入图像框中的那幅图片上。如果单击"退出"按钮，则卸载窗体，运行结束，如图 6-11 所示。

图 6-10 "变色蝴蝶"窗体

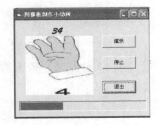

图 6-11 "图像框制作小动画"窗体

> **提示** | 在 tp 文件夹下保存有 5 张文件名为数字 +gif 形式的文件，使用定时器控件并设置 Timer 事件控制标签、图像框和进度条的改变。

模块 7 文件处理

Visual Basic 特点

文件处理是 Visual Basic 的强大处理能力之一，它为用户提供了多种处理文件的方法及大量与文件系统有关的语句、函数和控件，用户使用这些技术可以实现对顺序文件、随机文件和二进制文件的读/写操作。利用 Visual Basic 提供的语句以及文件系统控件编写应用程序可以非常方便地打开、读/写、查看、关闭文件。

工作领域

计算机中的程序都是以文件的形式保存。大部分文件都存储在硬盘上并由程序进行读取和保存。程序运行过程中所产生的大量数据也都需要输出到硬盘上进行保存。Visual Basic 的应用程序设计中会大量应用文件处理功能。

技能目标

通过本模块内容学习和实践，能够掌握 Visual Basic 语言中的关于文件的创建、打开、调用、关闭等基本使用方法，了解文件使用的各种形式，能够使用 Visual Basic 提供的文件系统控件方便地使用文件系统。

任务 1 查看日志文件

利用存储在文件中的日志，查看登录及退出系统的记录。

任务情境

生成一个查看日志文件的窗体，显示内容为启动及退出系统的时间和操作等信息。窗体启动时，文本框内容为空，当单击"查看"按钮时，在文本框中显示日志文件中的启动及退出记录，单击"退出"按钮时，用户窗体退出运行，如图 7-1 所示。

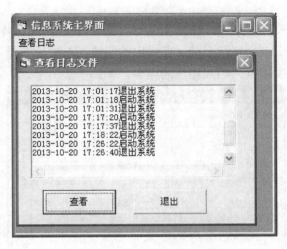

图 7-1 "查看日志"界面

任务分析

本任务需要创建两个窗体，其中，信息系统主界面窗体是一个"父窗体"，而查看日志窗体是一个"子窗体"。日志文件是记录系统实时操作的文本文件，在信息系统主窗体加载时，系统的日志文件中写入登录时间及"启动系统"操作；而当系统主窗体被卸载时，日志文件中同样写入退出时间及"退出系统"操作。

"父窗体"被启动时，日志文件内写入相应的启动信息。

"子窗体"设计非常简单，设置两个按钮和一个带有水平和垂直滚动条的文本框。该窗体的功能是在单击"查看"按钮时显示日志文件的内容，通过滚动条可以上下左右地翻阅查看。

本任务的目的是通过窗体控件来查看文本文件内容的多条记录。在窗体载入时，打开该日志文件，读入日志文件的每一条记录到变量中，把变量的值写入控件，继续读取下一条记录循环操作，直到文件尾部为止。本任务需要利用 Visual Basic 中文件的相关知识。

本次任务需要解决的关键问题有以下几个。

1）使用顺序文件以及该类文件的 Open、Input、Print、Close 命令完成各项操作。

2）"父窗体"和"子窗体"的关系设置。

解决方法：将信息系统主界面窗体设置为 MDIForm，而查看日志窗体的 MDIChild 属性设置为 True，在信息系统主界面窗体中生成菜单"查看日志"，并生成该菜单的 Click 事件，装入查看日志窗体即可。

任务实施

1）新建一个工程。

2）执行"工程→添加窗体"命令，生成一个窗体，在窗体上添加 1 个文本框控件和 2

个命令按钮控件。

3）执行"工程"→"添加 MDI 窗体"命令，生成一个 MDI 窗体。

4）在该 MDI 窗体上单击鼠标右键，在弹出的快捷菜单中，选择"菜单编辑器"命令，在"标题"和"名称"文本框内输入相应的内容，如图 7-2 所示。

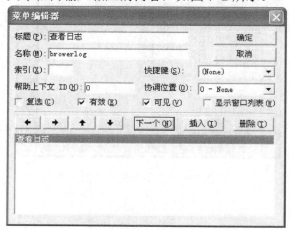

图 7-2 "菜单编辑器"对话框

5）设置两个窗体的相关属性。其所有的属性设置见表 7-1。

表 7-1 "查看日志"窗体的属性设置

	控 件 名	属 性 名 称	属 性 值
父窗体	MDIForm1	Caption	信息系统主界面
	MDIForm1	WindowState	2-Maximized
子窗体	Form1	Caption	查看日志
	Form1	MDIChild	True
文本框	Text11	Text	空
	Text11	Locked	True
	Text11	MultiLine	True
	Text11	ScrollBars	3_Both
命令按钮	Command1	Caption	查看
	Command2	Caption	退出

6）在子窗体 Form1 上分别双击"查看"和"退出"按钮，进入代码窗口，在相应的 Sub 块中添加如下代码。

```
Dim F As String
Dim H As Long

Private Sub Command1_Click()
    F = App.Path & "\" & "xsxx.log"
    H = FreeFile
    Open F For Input As #H    '以顺序方式打开文件
    Text1.Text = ""
    Do Until EOF(1)      '文件未到尾部
```

```
    Line Input #H, newline   '读文件中的一行到变量 newline 中
    Text1.Text = Text1.Text + newline + Chr(13) + Chr(10)   '将变量值显示在文本框内，每行尾部加回车换
行符
    Loop        '循环直到文件尾
    Close #H         '关闭文件
End Sub

Private Sub Command2_Click()
    Unload Me
End Sub
```

7）在父窗体 MDIForm1 上双击，进入代码窗口，在相应的事件 Sub 块中添加如下代码。

```
Private Sub browerlog_Click()
  Form1.Show
End Sub

Private Sub MDIForm_Load()
    nstr = " 启动系统 "
    nstr = Format(Now, "yyyy-mm-dd hh:mm:ss") & nstr     '变量的值为系统时间与操作
    F = App.Path & "\" & "xsxx.log"         '读取文件的路径与文件名
    H = FreeFile                       '用函数求出目前最小的未使用的文件号
    Open F For Append As #H              '以追加方式打开文件
    Print #H, nstr                 '将变量的值写入文件
    Close #H                    '关闭文件
End Sub

Private Sub MDIForm_Unload(Cancel As Integer)
    nstr = " 退出系统 "
    nstr = Format(Now, "yyyy-mm-dd hh:mm:ss") & nstr     '变量的值为系统时间与操作
    F = App.Path & "\" & "xsxx.log"         '读取文件的路径与文件名
    H = FreeFile                     '用函数求出目前最小的未使用的文件号
    Open F For Append As #H              '以追加方式打开文件
    Print #H, nstr                 '将变量的值写入文件
    Close #H                '关闭文件
End Sub
```

8）运行程序。

知识提炼

文件是存储在外部介质上的数据或信息的集合，用来永久保存大量的数据。数据必须以某种特定的方式存放，这种特定的方式称为文件结构，Visual Basic 的文件由记录组成，记录由字段组成，字段由字符组成。

根据数据访问方式，文件可分为顺序访问、随机访问和二进制访问，相应的文件可分为顺序文件、随机文件和二进制文件。

在 Visual Basic 中，无论是什么类型的文件，一般都按照以下 3 个步骤进行。

（1）打开（或创建）文件　一个文件必须打开或创建后才可以操作。如果文件已经存在，则打开该文件；如果不存在，则创建该文件。

模块 7 文件处理

（2）根据打开文件的模式对文件进行读/写操作　在打开（创建）的文件上执行所要求的输入/输出操作。在文件处理中，把内存中的数据存储到外部设备并作为文件存放的操作叫作写数据，把数据文件中的数据传输到内存程序中的操作叫作读数据。一般来说，内存与外设间的数据传输中，由内存到外设的传输叫作输出或写，而外设到内存的传输叫作输入或读。

（3）关闭文件　对文件读/写完成后，要关闭文件并释放内存。

这里将文件的处理按照 3 种不同的文件形式分别讲解。

1. 顺序文件

顺序文件是最常用的一种文件类型，数据以字符的形式存储。访问规则简单，按顺序进行，写顺序文件时各种类型的数据自动转换成字符串后写入文件，读文件时既可按原来的数据类型读，也可按文本文件来一行一行、一个字符一个字符地读。在顺序文件中查找数据比较麻烦，需要按顺序逐一查找，而且不能同时对文件进行读/写操作。

（1）打开文件

语法：

```
Open    文件名    For[Input] [Output] [Append] [Lock] As [#] Filenumber [Len=Buffersize]
```

文件名：字符串表达式，可包括文件路径，必选项。

Input：顺序输入模式，以顺序方式从文件中读取数据。

Output：顺序输出模式，以顺序方式向文件中写入数据。

Append：顺序输出模式，将文件指针设置在文件的结尾，所有写入的内容就添加在文件原有内容之后，Print# 或 Write# 语句可以用于这种操作。

Lock：指明其他进程对打开文件所允许的操作，包括 shared、lock read、lock write、lock read write 等操作。

Filenumber：必要的参数，任何有效的文件号。

Buffersize：设置缓冲区的字节数。

>> **注意**　　以 Input 方式打开顺序文件时，该文件必须是已经存在的文件，否则会产生一个错误。但以 Output 或 Append 模式打开一个不存在的文件时，Open 语句可以先创建文件再打开。

以 3 种模式中的任意一种打开文件后，进行其他类型的操作需要重新打开这类文件时，要先关闭该文件。例如，对以 Input 方式打开的文件进行修改，若要保存修改后的内容，应先关闭该文件，再以 Output 模式打开，并把文件内容写回到文件中。

（2）读操作

1）Input # 语句。

语法：

```
Input #Filenumber  Varlist
```

功能：返回从打开的顺序文件中读出的数据并将数据复制给变量。

Filenumber：必要的参数，任何有效的文件号。

Varlist：必要的参数，用逗号分界的变量列表，将文件中读出的值分配给这些变量。这些变量不可能是一个数组或对象变量。但是，可以使用变量描述数组元素或用户定义类型的元素。

该语句只能读取以 Input 或 Binary 方式打开的文件，读出数据时，不必经过修改就可直接将标准的字符串或数值数据复制给变量，输入数据中的双引号（""）将被忽略。

2）Line Input 语句。

语法：

Line Input #Filenamber Varname

功能：返回从打开的顺序文件中读出一行并分配给字符串变量。

Filenumber：必要的参数，任何有效的文件号。

Varname：必要的参数，一个有效的变量名，将读出的数据放入其中。

只从文件中读出一行字符，直到遇到回车符(Chr (13))或回车换行符(Chr (13)+Chr (10))为止。赋给变量时不包括回车换行符。

（3）写操作

1）Print # 语句。

语法：

Print #Filenumber, [Outputlist]

功能：将格式化显示的数据写入顺序文件中。

Filenumber：必要的参数，任何有效的文件号。

Outputlist：可选的参数，表达式或是要打印的表达式列表。

2）Write # 语句。

语法：

Write #Filenumber, [Outputlist]

功能：将数据写入顺序文件。

Filenumber：必要的参数，任何有效的文件号。

Outputlist：可选的参数，要写入文件的数值表达式或字符串表达式，用一个或多个逗号将这些表达式分开。

Print # 和 Write # 的区别是：

Print # 写入的字符型数据不在字符串两端放置引号，而 Write # 在字符串两端放置引号，并且自动用逗号分隔每个表达式。在最后一个字符写入文件后，插入一个新行的字符即回车换行符 (Chr (13) +Chr (10))。

（4）关闭文件

语法：

Close [#][Filenumberlist]

Filenumberlist：可选的参数，表示为文件号的列表，如果省略，则将关闭 Open 语句打开的所有活动文件。Close 语句用于以 Output 和 Append 模式打开文件时，语句执行后将文件缓冲区的内容全部写入文件并释放缓冲区所占用的内存。

2．随机文件

随机文件是由一条条记录所组成的集合。在随机文件中，每条记录的长度都是完全相同的，并且都有一个记录号，因而可以根据记录号计算出记录在文件中的存储位置，然后按照记录号直接读/写，也就是可以随机访问，而不必像顺序文件那样要按顺序读/写。

需要注意的是，记录与记录之间没有特殊的分隔符号。

1）打开文件。

语法：

Open 文件名 For Random[Access access] [Lock] As[#] Filenumber [Len=Reclength]

Random：随机方式读取，按记录号直接读取。

access：可选的参数，打开文件所允许的操作，有 3 种方式：只读（read）、可写（write）和读/写均可（readwrite）。

Filenumber：必要的参数，任何有效的文件号。

Reclength：可选的参数，记录长度。

2）读操作。

语法：

Get [#]Filenumber, [Recnumber], Varname

功能：把记录复制到变量中。

Filenumber：必要的参数，任何有效的文件号。

Recnumber：可选的参数，指出了所要读的记录号。

Varname：必要的参数，一个有效的变量名，将读出的数据放入其中。

3）写操作。

语法：

Put[#]Filenumber, [Recnumber], Varname

功能：把记录添加或替换到随机文件中。

Filenumber：必要的参数，任何有效的文件号。

Recnumber：可选的参数，记录号或字节数指明在此处开始写入。

Varname：必要的参数，包含要写入硬盘的数据的变量名。

4）关闭文件。

语法：

Close [#][Filenumberlist]

Filenumberlist：可选的参数，表示为文件号的列表，如果省略，则关闭 Open 语句打开的所有活动文件。

3．二进制文件

二进制文件是二进制数据的集合，它对存储空间的利用率高，执行不太方便，读/写工作量较大。二进制文件的访问与随机文件的访问相似，不同的是二进制文件以字节为单位进行读/写，而随机文件以记录为单位进行读/写。二进制文件也可当作随机文件来处理。如果把二进制文件中的每一个字节看作是一条记录，则二进制文件就成了随机文件。

任务 2　浏览文件内容

使用文件系统控件以及驱动器和目录的 Change 事件、文件的 Click 事件，浏览图片或文本的内容。

任务情境

在窗体上选中驱动器、目录以及文件夹下的某个图片文件，右端会显示该图片。如果选择的是某个文本文件则会显示文本文件内的内容，如图 7-3 所示。如果选择的文件是文本文件（*.txt），那么在图片文件预览的位置出现的是一个文本框，显示文本文件的内容；如果在文件列表框中选择的是图片文件（*.jpg; *.gif; *.bmp），那么文本框会隐藏，在该处将出现一个图像框显示图片的预览。

图 7-3　"文件系统控件的使用"窗体

任务分析

在 Visual Basic 的工具箱上能够看到这 3 个文件系统控件，分别是驱动器列表框控件、目录列表框控件、文件列表框控件。使用这 3 个控件可以为用户提供连接驱动器、各级目录和各个文件的方法。

在设计中需要解决以下几个关键问题。

1）如何找到要显示或浏览的文件。

解决方法：利用工具箱上的驱动器列表框控件、目录列表框控件、文件列表框控件，设置要查找文件的相关路径，且改变文件系统控件的属性会触发各控件的 Change 事件。

2）文本框和图像框在同一位置显示，如何在某种条件下显示其中之一。

解决方法：设置其中之一的控件的可见属性为假，而另一控件的可见属性为真。如：

Image1. Visible = False '图像框隐藏

Text1. Visible = True '文本框显现

3）以何种条件判断该显示文本框和图像框中的哪一个。

解决方法：区别所选文件的扩展名，把获得的结果作为区分怎样显示两种不同类型文件的条件。如：

p = File1. Path & "\" & File1. FileName

LCase$ (Right (p, 3)) = "txt"

4）显示文本文件和图片文件的方法。

解决方法：显示文本的内容，利用模块 7 中关于文件打开、读/写、关闭的知识。显示图片的内容利用模块 6 图形图像处理部分的知识。

任务实施

1）新建一个工程。

2）在窗体上添加 1 个驱动器列表框控件 DriveListBox、1 个目录列表框控件 DirListBox、1 个文件列表框控件 FileListBox、1 个图像框控件 Image 以及 1 个文本框控件 TextBox，分别进行属性设置，见表 7-2。

表 7-2　文本和图片浏览器窗体的属性设置

	控 件 名	属 性 名 称	属 性 值
窗体	Form1	Caption	文件系统控件的使用
文件列表框	File1	pattern	*.txt; *.jpg; *.gif; *.bmp
图像框	Image1	stretch	True
Text	Text1	Multiline	True

3）在窗体上双击，进入代码窗口，在添加的各个控件的相应事件 Sub 块中添加如下代码。

```
Dim p As String
Private Sub Dir1_Change ()
   File1. Pattern = "*.txt; *.jpg; *.gif; *.bmp"          '设置可显示的文件模式
   File1. Path = Dir1. Path                                '将目录列表框的路径赋给文件列表框
End Sub

Private Sub Drive1_Change ()
   Dir1. Path = Drive1. Drive                              '将驱动器的 Drive 属性值赋给目录路径
End Sub

Private Sub File1_Click ()
   p = File1. Path & "\" & File1. FileName                 '文件列表框内选择的文件的路径
   If LCase$ (Right (p, 3)) = "txt" Then                   '判断字符串尾部的 3 个字符
      Image1. Visible = False                              '图像框隐藏
      Text1. Visible = True                                '文本框显现
      Open p For Input As #1                               '打开文件
      Text1. Text = ""
```

```
        Do Until EOF (1)
                Line Input #1, newline                         '逐行读取文件到变量 newline 中
                Text1. Text = Text1. Text + newline + Chr (13) + Chr (10)
        Loop
        Close #1
    Else
        Image1. Visible = True                                 '否则，图像框显现
        Text1. Visible = False                                 '文本框隐藏
        Image1. Picture = LoadPicture (p)                      '装载图片
    End If
End Sub
```

4）运行程序。

知识提炼

为了用户方便地利用文件系统，Visual Basic 提供了两种方法：一种是利用通用对话框控件（CommonDialog）提供的通用对话框，另一种就是使用 Visual Basic 提供的文件系统控件自行创建对话框。使用后者创建访问文件系统的对话框更加直观。

Visual Basic 提供了 3 个文件系统控件，分别是驱动器列表框（DriveListBox）、目录列表框（DirListBox）和文件列表框（FileListBox），在工具箱上即可看到，如图 7-4 所示。

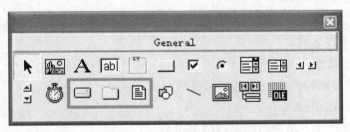

图 7-4　工具箱上的文件系统控件

驱动器列表框（DriveListBox）控件

驱动器列表框是一个下拉式列表框，是一个包含有效驱动器的列表控件，在默认状态下显示当前驱动器名。运行时，该控件获得焦点时，可输入任何有效的驱动器标识符或者在 DriveListBox 控件的列表中选择一个有效的硬盘驱动器，若从中选定硬盘驱动器，则该硬盘驱动器就出现在列表框的顶端。每当选择了新的驱动器后将触发一个 Change 事件。下面给出 DriveListBox 控件的主要属性和主要事件如下。

1. Drive 属性

用于在运行时设置或返回所选择的驱动器，默认值为当前驱动器，设计时不可用。

语法：对象名 .Drive [=drive]

drive：字符串表达式，指定所选择的驱动器。

2. List 属性

用于设置或返回控件的列表部分的项目，列表是一个字符串数组，数组的每一项都是一个列表项目，在运行时是只读的。

语法：对象名 .List (index) [=string]

Index：列表中具体某一项目的索引号。第一个项目的索引为 0，最后一个项目的索引为 ListCount-1。

String：字符串表达式，指定列表项目。

3．Change 事件

用于改变所选择的驱动器，该事件在选择一个新的驱动器或通过代码改变 Drive 属性的设置时发生。

目录列表框（DirListBox）控件

目录列表框可以显示指定驱动器上的目录结构，一般从根目录开始显示用户系统的当前驱动器目录结构。当前目录名被突出显示，而且显示的目录是按目录层次依次缩进，在目录列表框中，当前目录的子目录也缩进显示。在列表框中上、下移动时，将依次突出显示每个目录项。下面给出 DirListBox 控件的主要属性。

1．List 属性

用于设置或返回控件的列表部分的项目，列表是一个字符串数组，数组的每一项都是一个列表项目，在运行时是只读的。

语法：对象名 .List (index) [=string]

Index：列表中具体某一项目的索引号。

String：字符串表达式。

2．ListIndex 属性

用于在设置或返回控件中当前选择项目的索引，在设计时不可用。

语法：对象名 .ListIndex [=index]

index：数值表达式，指定当前项目的索引号。

>> **注意**　DirListBox 和 DriveListBox 不同的是，DirListBox 并不在操作系统级设置当前目录，而只是突出显示目录并将其 ListIndex 设置为 -1，如图 7-5 所示。

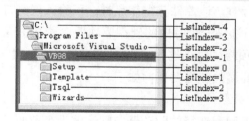

图 7-5　DirListBox 的 ListIndex 属性层次

3．Path 属性

用于返回或设置当前路径。在设计时不可用。

语法：对象名 .Path[=Pathname]

Pathname：一个用来计算路径名的字符串表达式。

文件列表框（FileListBox）控件

用于将属性指定的目录下所选文件类型的文件列表显示出来，一般和 DriveListBox、DirListBox 控件一起使用。下面给出 FileListBox 控件的主要属性和事件。

1．FileName 属性

用于设置或返回所选文件的文件名，在设计时不可用。

语法：对象名 .FileName [=Pathname]

Pathname：字符串表达式，指定路径和文件名。

2．Path 属性

用于返回或设置当前路径，在设计时不可用。

语法：对象名 .Path[= Pathname]

Pathname：一个用来计算路径名的字符串表达式。

3．Pattern 属性

用于返回或设置一个值，指示运行时显示在 FileListBox 控件中的文件的扩展名。

语法：对象名 .Pattern[=Value]

Value：一个用来指定文件规格的字符串表达式。例如，"*.*" 或 "*.frm"。默认值是 "*.*"，可返回所有文件的列表。除使用通配符外，还能够使用以分号（；）分隔的多种模式。

4．PathChange 事件

当路径被代码中的 FileName 或 Path 属性的设置所改变时，PathChange 事件发生。

Private sub 对象名 _PathChange ([Index As Integer])

Index：一个整数，用来唯一地标识一个在控件数组中的控件。

5．PatternChange 事件

当文件的列表样式，如 "*.*"，被代码中对 FileName 或 Path 属性的设置所改变时，此事件发生。

Private sub 对象名 _PatternChange ([Index As Integer])

Index：一个整数，用来唯一地标识一个在控件数组中的控件。

这 3 个文件系统控件能够自动地从操作系统中获取一些信息，应用程序可以访问这些

信息，或通过控件属性获取各控件的信息。通常，这些系统控件通过一些特殊属性和事件相互联系起来，以查看驱动器、目录和文件。

日积月累

使用窗口检测变量值

Visual Basic 6.0 提供了 3 种检测变量值的方法。即本地窗口、立即窗口和监视窗口，如图 7-6 所示。这 3 个窗口都是在中断模式下使用，在中断模式下从"视图"菜单中可以打开这些窗口。为了使应用程序进入中断模式，需要在代码中设置断点，一旦程序中设置了断点，程序运行到断点时就会停下来，以便程序员对程序进行调试。图 7-7 就是断点和程序运行至断点时的情形。

图 7-6　3 个调试窗口

图 7-7　程序运行至断点的情形

在需要设置断点的代码行左侧的"边界指示区"单击鼠标左键，就可以设置断点"●"，再一次在代码行左侧的"边界指示区"单击鼠标左键，就会取消断点。

1. 本地窗口

本地窗口用来检查一个过程的所有变量的值。在中断模式下，本地窗口列出了当前过程中的所有变量及当前值，用户还可以修改这些变量的值，以便调试程序。本地窗口同时还会列出当前过程的所有对象的属性和属性值，如图 7-8 所示。

2. 立即窗口

立即窗口用来检查一个过程的某个变量的属性或表达式的值。使用方式有两种，一种是使用语句"Debug. Print 变量名或表达式"，将这条语句加到代码中，会把结果输出到立即窗口，这时程序不需要在中断模式下运行。另一种是用命令方式使用立即窗口，即在立即窗口中输入命令，程序需要在中断模式下运行。常用的命令是显示命令"？"和赋值命令"="，例如，"?x" "?Label1. Caption"，分别是显示变量 x 的值和显示控件 Label1 的属性 Caption 值，"x=25"用来改变变量 x 的值，如图 7-9 所示。

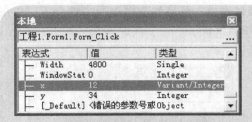

图 7-8 本地窗口

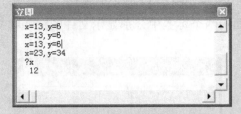

图 7-9 立即窗口

3. 监视窗口

监视窗口展示的是用户正在监视的某个变量或表达式的值，程序需要在中断模式下运行。

要设置欲监视的变量或表达式，必须把它添加到监视窗口。为此，可以选择"调试"菜单中的"添加监视"选项。此时，屏幕将弹出"添加监视"对话框，如图 7-10 所示。对话框允许用户输入要在表达式中查看的变量名。当程序运行至断点时，需要监视的变量或表达式的值就会显示到监视窗口，如图 7-11 所示。

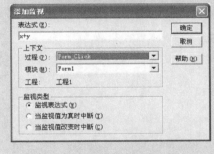

图 7-10 "添加监视"对话框

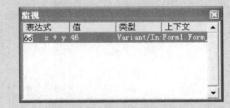

图 7-11 监视窗口

模 块 小 结

本模块主要讲授关于文件处理的相关知识，文件的处理在 Visual Basic 中常用的有两种形式，第一利用与文件系统有关的语句和函数，实现对各类文件的读/写操作；第二利用 Visual Basic 的文件系统控件实现与存储于各个驱动器、目录下的各类文件的连接，以获得用户的选择，并对选择的结果作相应的处理。

实 战 强 化

1）生成如图 7-12 所示的窗体，以顺序方式打开一个文本文件 xsjl.txt，在其尾部增加文字并保存。单击"添加数据"按钮将左侧 3 个文本框的内容添加到文件中，单击"更新文本"按钮，将本次打开窗体后添加的内容显示在右侧文本框内。

2）生成如图 7-13 所示的窗体，改变驱动器列表框、目录列表框以及文件列表框中的值，在下面的两个标签中分别显示文件的路径和文件的名称。

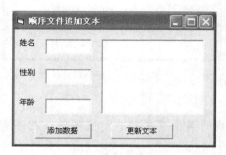

图 7-12 "顺序文件追加文本"窗体

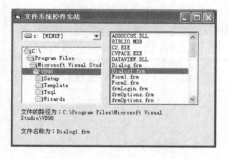

图 7-13 "文件系统控件实战"窗体

模块 8　数据库概述

Visual Basic 特点

随着信息化建设的不断深入发展，数据库技术已成为计算机应用中的一个重要组成部分。数据库管理系统（DBMS）是帮助人们处理大量信息、实现管理现代化、科学化的强有力工具。Visual Basic 提供了完善的数据库连接和数据处理功能，称得上是成熟的数据库应用程序开发环境。Visual Basic 作为数据库应用程序的前台开发工具，可以使用户通过界面方便灵活地管理数据库。

工作领域

信息是人类社会发展中维持生产活动、经济活动和社会活动必不可少的重要资源，也是现代管理的宝贵财富。因此，人们为了获取有价值的信息，就需要对数据进行处理和管理。随着计算机技术的蓬勃发展，在科学计算、过程控制和数据处理领域中，数据处理迅速上升为计算机应用的主要方面。数据库技术是数据管理的最新技术，极大地促进了计算机应用向各行业的渗透，现在数据库技术已经应用到了社会中几乎所有的领域。

技能目标

本模块以学生信息管理系统为主线，学习数据库的创建过程、Visual Basic 下访问数据库的基本技术，以及学生信息管理系统的数据浏览和数据统计的程序设计基础。通过本模块内容的学习和实践，读者能够掌握数据库的基本概念；熟练掌握创建 Access 数据库的过程和 SQL 查询命令的应用；理解和掌握 Visual Basic 下数据控件与数据绑定控件相结合访问数据库的基本方法，为日后设计与开发数据库应用程序奠定基础。

任务 1　用 Access 创建学生数据库

Access 是 Microsoft 公司推出的 Office 套件之一，只要可以运行 Office 的环境均可以运行 Access，且与 Office 一起安装。Access 是一个功能强大的桌面关系数据库管理系统，可以组织、存储并管理任何类型的信息，简单易学，具备完整的数据库功能，并支持 SQL。

任务情境

数据库（DataBase）是以一定的组织方式将相关的数据组织在一起，存放在计算机外存储器中。Visual Basic 中使用的数据库是关系数据库，在关系数据库中，将相关数据按行和列的形式组织成二维表格即为数据表（Table）。

开发学生信息管理系统，首先需要创建"学生数据库"。本任务利用 Access 创建"学生数据库"，为简单起见，学生数据库中只涉及 3 个表，分别是"基本信息""课程表"和"选课信息"数据表。

任务分析

一个实用的信息管理系统的开发是一项复杂的软件工程，良好的数据库设计是建立性能优良的管理系统的基础，是开发数据库应用系统的核心工作。数据库的设计，包括相关联的表、数据表结构的定义和表中数据的输入。而表结构的定义主要包括字段名、字段类型和长度的定义，如学号和姓名字段定义为文本类型，入学时间字段定义为日期/时间类型，成绩字段定义为数字类型等。本任务需要解决的主要问题如下。

1）启动 Microsoft Access。

2）创建"学生数据库"。

3）定义"基本信息""课程表"和"选课信息"3 个数据表，如图 8-1 所示。

a)

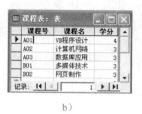

b)

c)

图 8-1 "学生数据库"及三个表

a）"基本信息"表　b）"课程表"表　c）"选课信息"表

表是由表结构和表内容构成的，表结构包括设置字段名、字段的数据类型和字段长度等，表内容即为记录。因此，需要先建立表结构，再输入表内容。

1. "基本信息"表

包含的字段有学号（文本类型，字段大小为10）、姓名（文本类型，字段大小为20）、性别（文本类型，字段大小为2）、年龄（数字，整型）、政治面貌（文本类型，字段大小为10）、民族（文本类型，字段大小为10）、专业（文本类型，字段大小为20）、入学时间（日期/时间，短日期）、照片（OLE对象类型）。

其中"学号"设置为主键，唯一标识一条记录。"性别"字段中只能输入"男"或"女"。

2. "课程表"表

包含的字段有课程号（文本类型，字段大小为5）、课程名（文本类型，字段大小为20）、学分（数字类型，整型）。

其中"课程号"设置为主键，唯一标识一门课程。

3. "选课信息"表

包含的字段有学号（文本类型，字段大小为10）、课程号（文本类型，字段大小为5）、成绩（数字类型，单精度，自动）、学期（数字类型，整型）。

其中"学号"和"课程号"设置为组合主键，唯一标识一名学生选择某一门课程的成绩。

任务实施

1）执行"开始"→"程序"→"Microsoft Access"命令，打开"新建数据库"窗口，选择"空Access数据库"命令，单击"确定"按钮，定义数据库文件名，单击"创建"按钮，进入"数据库"对话框，如图8-2所示。

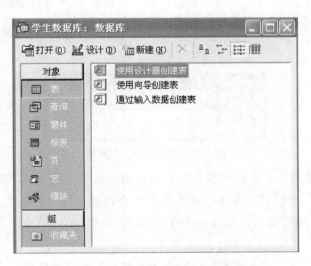

图8-2　Access"数据库"对话框

2）在"数据库"对话框以"表"为操作对象，再单击"设计"按钮，打开表结构设计对话框，依次定义表中的各字段及属性，如图8-3所示。在"学号"字段上单击鼠标右键，在弹出的快捷菜单中选择"主键"命令，即可定义该字段为关键字（主键）。这时"学号"

模块 8　数据库概述

字段前面出现一把小钥匙。

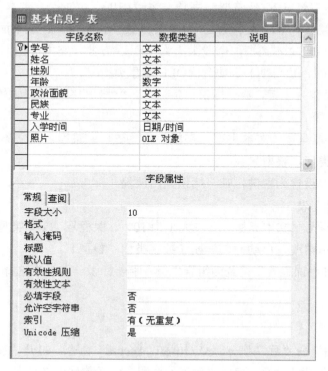

图 8-3　Access 表设计对话框

3）完成表结构的设计后，关闭"表设计器"，此时会弹出对话框要求用户确认保存；如果用户单击"确认"按钮，则系统再弹出"另存为"对话框，要求用户指定新建表的名称，如图 8-4 所示。

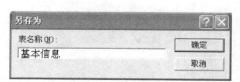

图 8-4　"另存为"对话框

4）输入"基本信息"，单击"确定"按钮，就完成了"基本信息"数据表的创建。

5）在"数据库"对话框，双击"基本信息"表，或选择"基本信息"表后，再单击鼠标右键，进入"表"编辑窗口，按照图 8-1a 输入学生基本信息数据，输入完成后，关闭表编辑窗口即可。

6）用同样的方法建立"课程表"，其中"课程号"设置为主键。

7）用同样的方法建立"选课信息"表，其中"学号"和"课程号"设置为组合主键，方法是先选定"学号"和"课程号"两个字段，按〈Shift〉键的同时单击鼠标右键，在弹出的快捷菜单中选择主键即可定义这两个字段为组合主键。

8）"学生数据库"创建完成，表对象窗口如图 8-5 所示。

图 8-5　Access 数据库（包含新建表对象）窗口

知识提炼

数据库概述

Access 数据库以".mdb"为文件扩展名保存在硬盘上，Access 提供 3 种创建数据表的方法，如图 8-5 所示。从对话框中可以看到 Access 数据库包含 7 个对象，即"表""查询""窗体""报表""页""宏"和"模块"，本模块只涉及"表"对象。

表对象

在一个数据库下可以建立若干个确定名称的数据表，数据表是一组有相互联系的数据，这些数据按行和列排列，是一个二维关系数据表（Table），如图 8-1 所示的 3 张数据表。

1．记录

表的每一行称为一个记录，描述一个实体对象，由一组数据项构成。一个数据表可以有若干个记录。

2．字段

表的每一列称为一个字段，它由若干个列构成，对应数据表中的数据项。每个字段都有一个名称，称为字段名。如图 8-1 中所示的"学号"字段、"姓名"字段等。

3．关键字（主键）

能够唯一标识一行的字段称为关键字段，简称关键字或主键，它用以区分不同的记录。如图 8-1 中"基本信息"表中的"学号"字段为主键，"课程表"中的"课程号"字段为主键，"选课信息"中的"学号"和"课程号"字段为组合主键。关键字必须有一个唯一的值，不能够为空值。

4．表间的关联

关联是指按照某一个或几个公共字段建立的表与表之间的联系。如"基本信息"表与"选课信息"表之间通过"学号"字段建立了其记录之间的联系。"课程表"与"选课信息"表之间通过"学号"或"课程号"字段建立了其记录之间的联系。

记录之间的联系分为一对一、一对多（或多对一）和多对多联系。如"基本信息"表中的每一个学号，在"选课信息"表中有多条记录与之对应，因此，"基本信息"表中的"学号"与"选课表"中的"学号"是一对多的联系。

字段的数据类型

1．文本类型

该类型使用的对象为文本或文本与数字的组合。可以是文本，例如，姓名、地址，也可以是不需要计算的数字，例如，电话号码、邮政编码。

2．备注类型

该类型可以解决文本数据类型无法解决的问题，可保存较长的文本和数字。例如，简短的备忘录或说明。内容可长达 64 000 个字符。

3．数字类型

该类型用来存储进行算术运算的数字数据。可以通过设置"字段大小"属性，定义一个特定的数字类型。

4．日期/时间类型

该类型用来存储日期、时间或日期时间组合。需要 8B 的存储空间。

5．自动编号类型

当每次向表中添加新记录时，Access 会自动插入唯一顺序号，即在自动编号字段中指定某一数值。可通过此方法创建主键（主关键字）。一般占 4B。

> **注意** 　自动编号数据类型一旦被指定，就会永久地与记录连接。删除表中含有自动编号字段的一个记录，并不会对表中自动编号数据类型字段重新编号。当添加某一记录时，不再使用已被删除的自动编号数据类型字段，而是按递增的规律重新赋值。

6．是/否类型

该类型是针对只包含两种不同取值的字段而设置的。又被称为"布尔"型数据，其值有 Yes/No、True/False、On/Off。例如，是否团员。

7．OLE 对象类型

该类型指字段允许单独地"链接"或"嵌入"OLE 对象。可以链接任意类型的文件，如 Word 文档、Excel 电子表格和各种多媒体文件、声音、图片等，学生"基本信息"表中的照片字段就定义为 OLE 对象类型。

8．主关键字（主键）

数据库中的各个表之间一定存在着联系，为了使保存在不同表中的数据建立联系，每个表必须有一个字段能唯一标识每条记录，并且能够实现表之间的关联。

编辑表的内容

数据库创建后，接下来需要做的就是对数据库表输入数据或进行一系列基本操作。

1．定位记录

在表编辑窗口，单击相应记录，左侧的箭头指示器就指向该记录，即可定位记录。

2．选择记录

通过拖动鼠标可选择记录，单击工具栏上的"复制"或"粘贴"按钮，可以完成记录的复制和粘贴。

3．添加新记录

在表编辑窗口，单击工具栏上的"新记录"按钮，输入所需数据即可添加新记录。可以通过按〈Tab〉键转至下一个字段。

4．删除记录

在表编辑窗口，单击要删除的记录，然后单击工具栏上的"删除记录"按钮即可删除记录。

5．修改记录

在表编辑窗口，单击要编辑的字段，如果要替换整个字段的值，则指向字段的最左边，在鼠标变为加号时，单击该字段，输入要插入的文本。

编辑表

1．更改表名

在数据库窗体中，选择一个数据表，单击鼠标右键，在弹出的快捷菜单中选择"重命名"命令即可。

2．删除表

在数据库窗体中，选择一个数据表，单击鼠标右键，在弹出的快捷菜单中选择"删除"命令即可。

3．导入、导出和链接

利用数据的导入、导出和数据的链接功能，可以将外部数据源，如 Access 数据库、Excel 电子表格、文本文件、FoxPro、ODBC、SQL Server 数据库等的数据，直接添加到当前的 Access 数据库中，或将 Access 数据库中的对象复制到其他格式的数据文件中。

导入方法：执行"文件"→"获取外部数据"→"导入"命令，打开导入对话框，并指定文件类型及名称，单击"导入"按钮，系统会弹出"导入数据表向导"对话框，根据向导提示完成导入功能。

导出方法：导出数据是将 Access 数据库中的表复制到其他格式的文件中，其操作较为简单。选定数据库窗口中的某个表，执行文件菜单中的"导出"命令，在打开的对话框中选择文件类型及存储名称即可。

任务 2　在 Visual Basic 中浏览学生数据库

Visual Basic 提供了一个强大的数据库开发平台，很多应用程序开发者都选择了 Visual Basic 作为数据库应用程序的前台开发工具，本书中涉及的学生信息管理系统就是基于 Visual Basic 开发的。学生信息管理系统是数据库应用系统的一个简单而又典型的实例，对数据库的浏览与查询是最基本的功能模块。本任务通过数据网格控件 MSFlexGrid 和数据控件 Data 的绑定，实现了在 Visual Basic 中浏览学生数据库，完成了学生信息管理系统中的信息浏览程序模块。

任务情境

学生信息浏览是学生信息管理系统中常见的数据库操作。图 8-6 ~ 图 8-8 是本模块任务 1 的执行界面。程序运行时，单击不同的按钮，在网格中显示相应的表内容，并且可以在网格中随时调整行高和列宽。

单击"基本信息"按钮，在网格中显示学生数据库中"基本信息"表的全部内容。

单击"课程信息"按钮，在网格中显示学生数据库中"课程表"表的全部内容。

单击"选课信息"按钮，在网格中显示学生数据库中"选课信息"表的全部内容。

图 8-6　"学生基本信息浏览"界面

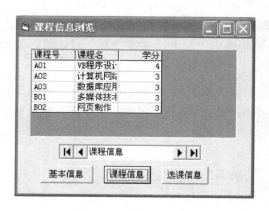

图 8-7　"课程信息浏览"界面

图 8-8　"学生选课信息浏览"界面

任务分析

Data 控件是一个数据连接控件，它能够将数据库中的数据信息与应用程序中的数据绑定控件连接起来，从而实现对数据库的操作。数据绑定控件是指能够和数据库中的数据表的某个字段或全部字段建立关联的控件，如本任务中的数据网格控件 MSFlexGrid 是一个只读控件，只能在 MSFlexGrid 中浏览数据表信息。

本任务中涉及的主要问题和解决方法如下：

1）首先创建数据库。在本模块任务 1 中已经创建。

2）将数据网格控件 MSFlexGrid 与数据控件 Data 绑定，可以实现在网格中显示表的内容。

3）在两个按钮的 Click 事件过程中，设置 Data 控件的 RecordSource 属性为不同的表名，实现在同一个网格"MSFlexGrid"中显示相应数据表的内容。

4）数据网格控件 MSFlexGrid 不是 Visual Basic 标准控件，因此，需要事先将其加入控件工具栏。

任务实施

1）创建学生数据库（略，本模块任务 1 中已创建）。

2）新建一个工程。

3）在控件工具箱中单击鼠标右键，在弹出的快捷菜单中选择"部件"命令，然后选择"控件"选项卡中的"Microsoft FlexGrid Control 6.0"复选框，将数据网格控件加入工具箱，如图 8-9 所示。

图 8-9　数据网格控件 MSFlexGrid 在工具箱上的图标

4）在窗体上添加 1 个数据控件 Data、1 个数据网格控件 MSFlexGrid 和 2 个命令按钮控件 CommandButton，在属性窗口中设置控件的属性，见表 8-1。

表 8-1　在属性窗口中设置属性

	控 件 名	属 性 名 称	属 性 值
命令按钮	Command1	Caption	基本信息
	Command2	Caption	课程信息
	Command2	Caption	选课信息
数据控件	Data1	DataBaseName	e:\vb 教材 \ 学生数据库 .mdb
数据网格控件	MSFlexGrid1	DataSource	Data1
		AllowUserResizing	3-FlexResizeBoth
		FixedCols	0

5）进入代码窗口，在相应的 Sub 块中编写如下代码。

```
Private Sub Command1_Click()
    Data1.RecordSource = " 基本信息 "      ' 设置 Data 控件可以访问的数据为 " 基本信息 " 表
    Data1.Refresh                          ' 刷新
    Data1.Caption = " 基本信息 "
    Form1.Caption = " 学生基本信息浏览 "
End Sub

Private Sub Command2_Click()
    Data1.RecordSource = " 课程表 "        ' 设置 Data 控件可以访问的数据为 " 课程表 " 表
    Data1.Refresh                          ' 刷新
    Data1.Caption = " 课程信息 "
    Form1.Caption = " 课程信息浏览 "
End Sub

Private Sub Command3_Click()
    Data1.RecordSource = " 选课信息 "      ' 设置 Data 控件可以访问的数据为 " 选课信息 " 表
    Data1.Refresh                          ' 刷新
    Data1.Caption = " 选课信息 "
    Form1.Caption = " 学生选课信息浏览 "
End Sub
```

6）运行程序，浏览学生信息。

知识提炼

数据访问对象简介

在 Visual Basic 6.0 中，需要使用数据访问对象对数据库进行访问，数据访问对象有三种。它们是 Visual Basic 发展过程中不同阶段的产物。

1. DAO（Data Access Object，数据访问对象）

DAO 是 Microsoft Jet 数据库引擎面向对象的编程接口。最适用于单系统应用程序或在小范围本地分布使用。如果数据库是 Access 数据库且是本地使用，则建议使用这种访问方式。Visual Basic 6.0 已经把 DAO 模型封装成了 Data 控件，分别设置相应的 DatabaseName 属性和 RecordSource 属性就可以将 Data 控件与数据库中的记录源连接起来，用户可以使用 Data 控件对数据库进行操作。本任务使用了 Visual Basic 提供的数据控件 Data 来访问数据库。

2. RDO（Remote Data Objects，远程数据对象）

RDO 提供了用来访问存储过程和复杂结果集的更多和更复杂的对象、属性以及方法。和 DAO 一样，在 Visual Basic 中也把其封装为 RDO 控件了，其使用方法与 DAO 控件的使用方法完全一样。

3. ADO（ActiveX Data Object，ActiveX 数据对象）

ADO 数据控件可以方便快捷地建立与数据源的连接，并实现对数据库的各种操作，使程序员用最少的代码快速创建数据库应用程序。ADO 对象模型是 Microsoft 提供的最新的数据访问技术，是一组优化的访问数据的专用对象集。使用 ADO 提供的编程模型可以访问几乎所有的数据源，并且可以方便快捷地建立与数据源的连接。ADO 是最新的一种，使用起来更加简便、灵活，已经成为了当前数据库开发的主流。

数据（Data）控件

1. Data 控件的浏览按钮

该控件提供了4个用于在数据表中进行数据浏览的按钮，如图 8-10 所示。从左至右分别为指针移动到第一条记录、指针移动到上一条记录、指针移动到下一条记录和指针移动到最后一条记录，指针指向的记录即为当前可操作记录。在移动记录指针时，Data 控件会自动更新数据，使显示在数据绑定控件中的数据与数据表中的数据保持一致。

图 8-10　数据（Data）控件的图标和添加在窗体上的形状

2. DatabaseName 属性

该属性用来创建 Data 控件与数据库之间的联系，并指定要链接的数据库的文件名或路径。可以在属性窗口设置，也可以在程序中用代码设置，例如，Data1.DatabaseName="e:\VB 教材\学生数据库 .mdb"

这种方法指定了要链接的数据库的绝对路径。也可以使用相对路径，例如，Data1.DatabaseName=App.Path+"\"+" 学生数据库 .mdb"

使用相对路径有利于应用程序的移植。

3. RecordSource 属性

该属性用来设置 Data 控件可以访问的数据，它可以是一个表名或 SQL 查询语句的一个查询字符串。可以在属性窗口设置，也可以在程序中用代码设置，例如，Data1.RecordSource=" 基本信息 "

4. Connect 属性

设置所链接的数据库的类型，其值是一个字符串，默认值为 Access。

5. ReadOnly 属性

决定数据库是否可编辑，有两个取值，分别为：

True：不可编辑，即只能查看不能修改。

False：可编辑，默认设置。

6. Refresh 方法

该方法用来重建或重新显示与数据控件相关的记录，在程序中用代码设置，例如：Data1.Refresh。

打开数据库后，如果改变了数据控件的属性，则这些属性不会立即影响相应的数据控件，只有执行了 Refresh 方法后，修改才有效。

7. Validate 事件

当切换当前记录时触发该事件。

数据网格（MSFlexGrid）控件

数据网格控件 MSFlexGrid 是数据绑定控件。数据绑定控件是指能够和数据库中的数据表的某个字段建立关联的控件。在 Visual Basic 中，数据控件本身不能直接显示数据表中的数据，必须通过能与它绑定的控件来实现。当这些数据绑定控件被绑定在 Data 控件上时，Data 控件能够将自身所连接的数据源中的数据传送给这些数据绑定控件，当 Data 控件的数据源中的数据改变时，数据绑定控件中的数据也随之改变；反之，若数据绑定控件的值被修改，则这些修改后的数据会自动地保存到数据库的数据表中。

可作为数据绑定控件的常用控件有文本框(TextBox)、标签(Label)、图片框(PictureBox)、图像框（Image）、列表框（ListBox）、组合框（ComboBox）和复选框（CheckBox）等内部控件，以及数据网格（MSFlexGrid）、数据列表（DataList）、数据表格（DataGrid）、数据组合（DataCombo）、数据库表格（DBGrid）和数据库列表（DBList）等 ActiveX 控件。

数据绑定控件、数据控件和数据库之间的关系，如图 8-11 所示。

在程序设计中经常用 MSFlexGrid 数据网格显示数据表中的数据，通过加载"Microsoft FlexGrid Control 6.0"将数据网格控件加入工具栏。

图 8-11　数据绑定控件、数据控件和数据库之间的关系

1．DataSource 属性

该属性指定控件的数据源，通过该数据源，数据绑定控件被绑定到一个数据库，即指定绑定的数据控件的名字。

还有一些数据网格控件或表格控件，如 DataGrid、DBGrid 等也具有此属性，含义相同。

2．AllowUserResizing 属性

该属性允许用户通过使用鼠标重新调整行高或列宽，有 4 个取值，分别如下。

0—FlexResizeNone：不允许调整行和列的尺寸。

1—FlexResizeColumns：允许调整列的尺寸。

2—FlexResizeRows：允许调整行的尺寸。

3—FlexResizeBoth：允许调整行和列的尺寸。

3．FixedRow、FixedCols 属性

该属性设置 FlexGrid 的固定（不可滚动）行和列的总数。

任务3　创建 SQL 查询

一般来说，一个学生信息管理系统应该包含对数据的浏览与查询，对数据的添加、删除和修改，对数据的统计与计算等功能。SQL（Structured Query Language，结构化查询语言）是操作关系数据库的标准语言。通过 SQL 语句，可以从数据库的多个表中获取数据，也可以对数据进行增加、删除和修改操作。SQL 具有结构简单、功能强大、简单易学等特点。本任务通过 SQL 语句来查询数据库，并详细讲解了 SELECT 语句的基本概念、语法和使用方法。

任务情境

在 Access 中，创建一个查询，如图 8-12 所示，然后通过运行 SQL 中的 SELECT 语句，实现查询。“SELECT * FROM 基本信息”语句的执行结果，如图 8-13 所示。

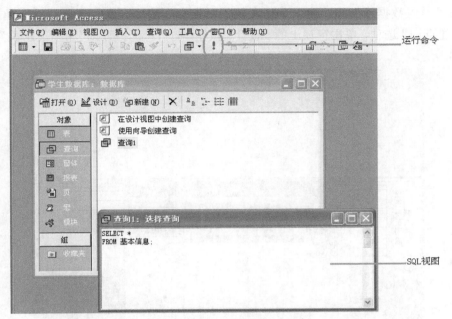

图 8-12 SQL 视图和 SQL 语句

查询1：选择查询

学号	姓名	性别	年龄	政治面貌	民族	专业	入学时间	照片
081101001	刘丽丽	女	19	团员	汉族	计算机应用	2007-9-1	长二进制数
081101002	李刚	男	18	团员	汉族	计算机应用	2008-9-1	长二进制数
081101003	王海洋	男	19	党员	汉族	计算机应用	2007-9-1	长二进制数
081102001	马雅茹	女	18	群众	回族	计算机网络技术	2008-9-1	长二进制数
081102002	张杰	女	19	团员	汉族	计算机网络技术	2007-9-1	长二进制数
081202001	李金刚	男	18	团员	汉族	装潢艺术设计	2008-9-1	长二进制数
081202002	王永平	男	19	群众	汉族	装潢艺术设计	2008-9-1	长二进制数
081202003	冯妙歌	女	20	团员	汉族	装潢艺术设计	2007-9-1	长二进制数
081202004	高原	男	18	团员	汉族	装潢艺术设计	2008-9-1	长二进制数
*			0					

记录：1 共有记录数：9

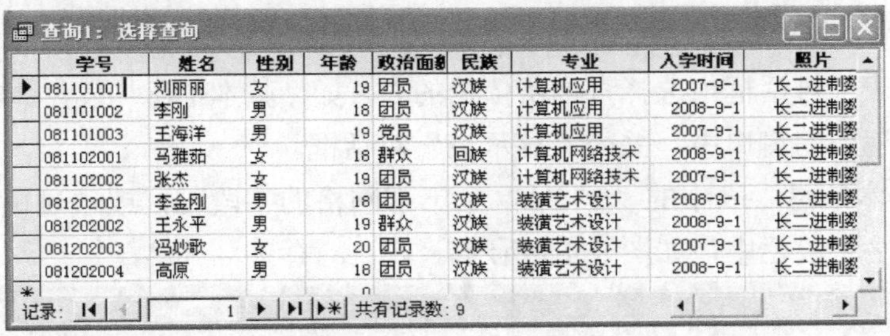

图 8-13 “SELECT*FROM 基本信息”语句的运行结果窗口

在 SQL 视图中输入相应的语句，完成下面的查询。

1）列出全部学生的基本信息。

2）列出全部学生的学号、姓名和所学专业。

3）列出所有“计算机应用”专业的全部学生。

4）查询学生总人数。

5）列出所有学生的学号、姓名和所选课程及其成绩。

任务分析

用 SELECT 语句实现数据库的查询。SELECT 语句的简单语法为：

SELECT ＜输出结果列表＞ FROM ＜表名＞ [WHERE＜条件表达式＞]

功能为：查询满足条件的行（记录），并且只显示指定的列（字段）。

任务实施

1）打开"学生数据库"。

2）创建一个查询。

①在"学生数据库"窗口中，单击左侧"对象"下的"查询"选项，再选择"在设计视图中创建查询"选项，单击窗口上的"设计"按钮，打开"选择查询"和"显示表"对话框，如图 8-14 所示。

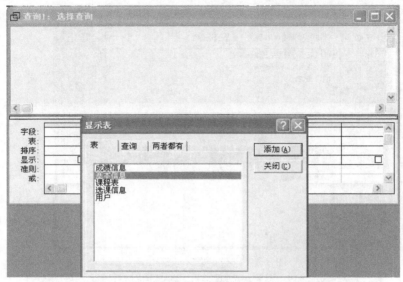

图 8-14 "显示表"对话框

②在"显示表"对话框中选择查询所依据的表，如"基本信息"表，单击"添加"按钮，将其添加到设计视图的窗口中，关闭"显示表"对话框。

③拖动"基本信息"表中的"*"号，到下部网格的字段行，或通过鼠标直接移动所需的其他字段至网格字段栏中，如图 8-15 所示。

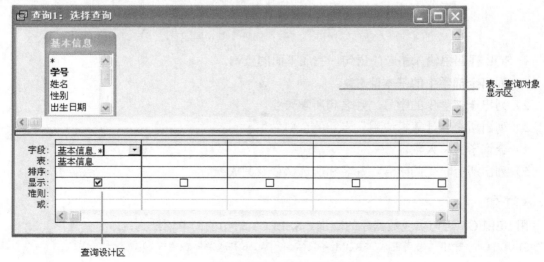

图 8-15 选择查询对话框

④关闭"选择查询"窗口，弹出是否保存查询的对话框，输入查询名即可创建一个新查询。

3）双击新建查询，在新建查询窗口中单击鼠标右键，在弹出的快捷菜单中选择"SQL视图"命令，打开 SQL 视图，输入 SQL 语句"SELECT * FROM 基本信息"，单击数据库窗口中工具栏中的"运行"按钮，如图 8-12 所示，即可得到查询结果，如图 8-13 所示。

4）在 SQL 视图中分别输入下面命令即可完成本任务任务情境中提出的相应问题。

① SELECT * FROM 基本信息。

② SELECT 学号,姓名,专业 FROM 基本信息。

③ SELECT * FROM 基本信息 WHERE 专业 =" 计算机应用 "。

④ SELECT COUNT(*) AS 人数 FROM 基本信息。

⑤ SELECT 基本信息 . 学号,姓名,课程名,成绩 FROM 基本信息,选课信息,课程表 WHERE 基本信息 . 学号 = 选课信息 . 学号 AND 课程表 . 课程号 = 选课信息 . 课程号。

知识提炼

SQL 的主要语句

1）SELECT 查询语句：在数据库中查找满足特定条件的记录，是 SQL 中最重要的语句。

2）INSERT 插入语句：向数据表中添加一条或多条记录。

3）DELETE 删除语句：从数据表中删除记录。

4）UPDATE 更新语句：修改数据记录的值。

下面详细讲解 SELECT 语句的使用。读者可以在 Access 数据库中验证 SQL 查询语句。

1. SELECT 查询语句的语法：

```
SELECT  [ALL|DISTINCT] <输出结果列表>  [AS 列别名 ]
FROM <表名 >
[WHERE <条件表达式 >]
[ORDER BY< 列名 >[ASC|DESC]];
[GROUP BY< 列名 1>[HAVING <条件表达式 >] ]
```

说明：

1）SELECT 子句：指定要显示的属性列，使用星号（"*"）可以显示表中所有的列，并且按照定义表时的列次序显示结果。结果列可以是表达式，如算术表达式、字符串表达式、函数、列别名等。DISTINCT 取消重复的行。

2）FROM 子句：指定查询对象 (基本表或视图）。

3）WHERE 子句：指定查询条件。

4）ORDER BY 子句：对查询结果表按指定列值的升序（ASC）或降序（DESC）排序。

5）GROUP BY 子句：对查询结果按指定列的值分组，该属性列值相等的元组为一个组。

6）HAVING 短语：筛选出满足指定条件的组。

2. 选择表中的若干列

例 8-1 列出全部学生的基本信息。

SELECT * FROM 基本信息

或者

SELECT 学号 , 姓名 , 性别 , 年龄 , 政治面貌 , 民族 , 专业 , 入学时间 FROM 基本信息

例 8-2　列出全部学生的姓名、学号、性别三列值。

SELECT　姓名 , 学号 , 性别　FROM　基本信息

>> **注意**　　　　查询结果的字段顺序和字段在数据表的顺序无关，只与在 SELECT 语句中的书写顺序有关。

例 8-3　查看所有学生的出生年份。

SELECT 学号 , 姓名 , 性别 , year(Date())- 年龄 AS　出生年份 , 专业　FROM　基本信息

其中，Date() 函数得到系统当前日期，year() 函数获取日期值的年份。用 AS 指定列别名。

例 8-4　查询学生有哪些专业。

SELECT　DISTINCT　专业　FROM　基本信息

上面语句表示，"专业"字段的查询结果中具有相同值的记录只保留一条。使用 DISTINCT 关键字可以去除查询结果中相同的行。

3．选择表中满足条件的行（用 WHERE 子句）

在 WHERE 子句的 < 比较条件 > 中使用比较运算符如下。

1）关系运算符：=（等于）、>（大于）、<（小于）、>=（大于等于）、<=（小于等于）、!= 或 <>（不等于）。

2）逻辑运算符：NOT（非）、AND（与）、OR（或）。需要说明的是 AND 的优先级高于 OR。

例 8-5　列出"计算机应用"专业的所有学生。

SELECT　学号 , 姓名 , 性别 , 年龄 , 专业　FROM　基本信息　WHERE 专业 =" 计算机应用 "

例 8-6　查询年龄在 17 ～ 19 岁之间的学生。

SELECT　*　FROM　基本信息　WHERE　年龄 >=17　AND　年龄 <=19

例 8-7　查询不是"计算机应用"专业的学生。

SELECT 学号 , 姓名 , 性别 , 出生日期 , 专业　FROM　基本信息　WHERE　NOT 专业 =' 计算机应用 '

3）字符串匹配符：LIKE 操作符是把列值与某个特定模式进行比较，有时称为模糊查询。LIKE 操作符的语法格式为：< 列名 >[NOT] LIKE< 模式串 >

其中，< 列名 > 是表中的列名，< 模式串 > 是匹配特定的模式，其取值主要有两个，一个是百分号"%"，另一个是下画线"_"。

%（百分号），代表任意长度（长度可以为 0）的字符串。例如，a%b 表示以 a 开头，以 b 结尾的任意长度的字符串。如 acb、addgb、ab 等都满足该匹配串。

_（下画线），代表任意单个字符。例如，a_b 表示以 a 开头，以 b 结尾的长度为 3 的任意字符串，如 acb、afb 等都满足该匹配串。

8
CHAPTER

例 8-8 查询所有姓赵的学生的学号和姓名。

SELECT 姓名,学号 FROM 基本信息 WHERE 姓名 like ' 赵 %'

4）使用谓词 ISNULL 或 IS NOT NULL

例 8-9 某些学生选修课程后没有参加考试，因此，有选课记录，但没有考试成绩。查询缺少成绩的学生的学号和相应的课程号。

SELECT 学号,课程号 FROM 选课信息 WHERE 成绩 IS NULL

4. 对查询结果排序（用 ORDER BY 子句）

在一般情况下，查询结果的显示是按照在数据库表中的存储次序来显示的。但有时需要按一个或多个属性列排序。排列次序有升序（ASC）和降序（DESC），默认为升序。

例 8-10 在"选课信息"表中，查询选修了 A01 号课程的学生的学号及其成绩，查询结果按成绩降序排列。

SELECT 学号,成绩 FROM 选课信息 WHERE 课程号 ='A01' ORDER BY 成绩 DESC

5. 使用集函数

有 5 类主要集函数，分别如下。

1）计数：COUNT（[DISTINCT|ALL] *）或 COUNT（[DISTINCT|ALL] <列名 >）。

2）计算总和：SUM（[DISTINCT|ALL] <列名 >）。

3）计算平均值：AVG（[DISTINCT|ALL] <列名 >）。

4）求最大值：MAX（[DISTINCT|ALL] <列名 >）。

5）求最小值：MIN（[DISTINCT|ALL] <列名 >）。

其中：

DISTINCT 短语：在计算时要取消指定列中的重复值。

ALL 短语：不取消重复值，ALL 为默认值。

例 8-11 计算学号为"121101002"的学生所选课程的平均分、最高分和最低分。

SELECT AVG(成绩)AS 平均分 ,MAX(成绩) AS 最高分 ,MIN(成绩) AS 最低分
FROM 选课信息 WHERE 学号 =' 121101002 '

6. 对查询结果分组（GROUP BY 子句）

例 8-12 统计各专业学生人数。

SELECT 专业 ,COUNT(*) AS 人数 FROM 基本信息 GROUP BY 专业

7. 连接查询（多表查询）

同时涉及多个表的查询称为连接查询。

例 8-13 查询全部学生的学号、姓名、选修的课程名及其成绩。

SELECT 基本信息 . 学号 ,姓名 ,课程名 ,成绩 FROM 基本信息 ,选课信息 ,课程表 WHERE 基本信息 . 学号 = 选课信息 . 学号 AND 课程表 . 课程号 = 选课信息 . 课程号

这里涉及三张表：学生信息、课程表和选课信息表，必须按关键字关联，连接条件为：基本信息 . 学号 = 选课信息 . 学号 AND 课程表 . 课程号 = 选课信息 . 课程号。为了清楚地说明哪些列来自哪张表，都使用了点格式，即 <表名 >.< 列名 >。

8．子查询

子查询是指在 WHERE 子句中包含查询语句，有时也称为嵌套查询。它由一系列子查询形成复杂查询，子查询的结果用于主查询的条件。也就是说，在 WHERE 子句中的表达式中再含有一个 SELECT 语句。

例 8-14　查询与"高原"在同一个专业学习的所有学生。

SELECT　学号，姓名，专业　FROM　基本信息　WHERE　专业 =(SELECT　专业　FROM　基本信息　WHERE　姓名 =' 高原 ')

或：

SELECT　学号，姓名，专业　FROM　基本信息　WHERE　专业　IN(SELECT　专业　FROM　基本信息　WHERE 姓名 =' 高原 ')

当子查询的结果只有一个值时，可以使用等于、大于或小于比较符；当子查询的结果是多个值时，需要使用 IN 操作符指定一个表达式的集合。

任务 4　用 SQL 与控件的结合实现统计与计算

统计与计算是学生信息管理系统中不可缺少的功能模块。ADO 数据控件也是一个数据连接控件，它比 Data 控件具有更广的适应性。本任务通过 SQL 与 ADO 数据控件结合，实现了在 Visual Basic 下对学生数据库进行统计与计算。程序设计中使用了 DataGrid 数据网格控件与 ADO 数据控件的绑定，以及 SQL 的多表查询。通过设计过程，读者能够掌握 ADO 数据控件与数据库连接的基本技术，掌握 SELECT 多表查询的应用。

任务情境

图 8-16 是"统计与计算"程序的执行界面。当程序运行时，在左侧列表框中选择要统计的项目，单击"开始"按钮，在右侧结果窗口中显示统计结果，同时在 Adodc 控件中显示统计项目名称。如果没有选择统计项目，单击"开始"按钮，则会弹出提示窗口，如图 8-17所示。单击"结束"按钮，程序运行结束。

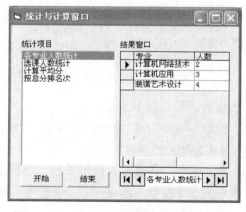

图 8-16　"统计与计算"程序的运行界面

图 8-17　提示窗口

任务分析

SQL 中使用 SELECT 语句实现查询，SELECT 语句基本上是数据库记录集的定义语句。数据控件的 RecordSource 属性不一定是数据表名，还可以是数据表中的某些行或多个数据表中的数据组合。

ADO 数据控件与 Data 控件一样，也是一个数据库连接控件，它可以连接本地数据库或远程数据库，也能够将数据库中的数据信息与应用程序中的数据绑定控件连接起来，从而实现对数据库的操作。

本任务中涉及的主要问题和解决方法如下。

1）首先创建数据库，参考本模块任务 1。

2）Adodc 数据控件和 DataGrid 数据表格控件均不是 Visual Basic 的标准控件，因此，需要事先将它们添加到控件工具栏中。

3）因为 DataGrid 数据网格的功能是显示查询结果，所以将 DataGrid 控件的 AllowUpdate 属性设置成不可修改。

4）窗体装入时利用列表框的 AddItem 方法将统计项目加入列表框 List1 中。设置数据绑定控件的数据源，例如，Set DataGrid1.DataSource=Adodc1。

5）在属性窗口设置数据库的连接，主要包括连接字符串 ConnectionString、记录源 Recordset 和命令类型 CommandType 的设置。或用下面代码完成：

```
Adodc1.ConnectionString= " provider=microsoft.jet.oledb.4.0;data  source=" + App.Path+ " \ " + " 学生数据库 .mdb"
Adodc1.CommandType  =  adCmdUnknown
```

6）在"开始"按钮的 Click 事件中，将 Adodc 的 RecordSource 属性值定义为 SQL 的查询字符串，代码为：

```
Adodc1.RecordSource = "SELECT 专业 , COUNT(*) AS 人数  FROM 基本信息 GROUP BY 专业 "
```

7）用 Refresh 方法刷新或激活 Adodc1 控件的连接属性。

任务实施

1）创建学生数据库。（略）

2）新建一个工程。

3）在控件工具箱中单击鼠标右键，在弹出的快捷菜单中选择"部件"命令，然后选择"控件"选项卡中的"Microsoft DataGrid Control 6.0 (OLEDB)"复选框，和"Microsoft ADO Data Control 6.0(OLEDB)"复选框，将数据表格控件和 ADO 数据控件加入工具栏。

4）在窗体上添加 2 个标签控件 Label、1 个列表框控件 List、1 个数据控件 Adodc、1 个数据表格控件 DataGrid 和 2 个命令按钮控件 CommandButton。在属性窗口中设置其他控件的属性，见表 8-2。标签控件的属性略。

表 8-2　在属性窗口中设置属性

	控 件 名	属 性 名 称	属 性 值
窗体	Form1	Caption	统计与计算窗口
命令按钮	Command1	Caption	开始
	Command2	Caption	结束
数据网格	DataGrid1	AllowUpdate	False

5）进入代码窗口，在相应的 Sub 块中编写如下代码。

```
Private Sub Command1_Click ()
 i = List1.ListIndex
 Select Case i
    Case 0
        Adodc1.RecordSource = "SELECT 专业 ,COUNT(*) AS 人数  FROM 基本信息 GROUP BY 专业 "
    Case 1
        Adodc1.RecordSource = "SELECT 课程表 . 课程名 ,a. 人数 FROM 课程表 ,(SELECT 课程号 ,COUNT(学号 ) AS 人数  FROM 选课信息  GROUP BY 课程号 ) AS a  WHERE 课程表 . 课程号 =a. 课程号 "
    Case 2
        Adodc1.RecordSource = "SELECT 基本信息 . 学号 , 姓名 ,a. 平均分 FROM 基本信息 ,(SELECT 学号 ,AVG( 成绩 ) AS 平均分  FROM 选课信息  GROUP BY 学号 ) AS a  WHERE 基本信息 . 学号 =a. 学号 "
    Case 3
        Adodc1.RecordSource = "SELECT 基本信息 . 学号 , 姓名 ,a. 总分 FROM 基本信息 ,(SELECT 学号 ,SUM( 成绩 ) AS 总分  FROM 选课信息  GROUP BY 学号 ) AS a  WHERE 基本信息 . 学号 =a. 学号 ORDER BY a. 总分 DESC"
    Case -1
        MsgBox " 请选择统计项目！ ", , " 提示 "
    End Select
        Adodc1.Caption = List1.List(i)
 Adodc1.Refresh
End Sub

Private Sub Command2_Click()
  End
End Sub

Private Sub Form_Load()
  Dim link$
  link = "provider=microsoft.jet.oledb.4.0;data source=" + App.Path + "\" + " 学生数据库 .mdb"
  Adodc1.ConnectionString = link
  Adodc1.CommandType = adCmdUnknown
  Set DataGrid1.DataSource = Adodc1
  List1.AddItem " 各专业人数统计 "
  List1.AddItem " 选课人数统计 "
  List1.AddItem " 计算平均分 "
  List1.AddItem " 按总分排名次 "
End Sub
```

6）运行程序。

知识提炼

ADO 数据控件（Adodc）

ADO 数据控件与 Data 数据控件的使用方法基本相同。ADO 控件的主要优势是易于使用、高速和低内存开销，用户可以用较少的代码设计数据库应用程序，ADO 已经成为主要的数据访问接口。ADO 控件本身不能直接显示记录集中的数据，它必须通过与之相绑定的控件来实现数据的显示。使用 ADO 控件连接数据库并访问，过程如下。

1）通过设置"ConnectionString"属性，建立与数据库提供者的连接。

2）通过设置"CommandType"属性，指定获取数据源的命令类型。

3）通过设置"RecordSource"属性，定义记录源和从记录源中产生记录集。

4）通过设置"DataSource"和"DataField"属性，建立记录集与数据绑定控件的联系，并在窗体上显示数据供用户访问。

下面介绍数据控件 Adodc 的主要属性。

1. ConnectionString 属性

ADO 控件没有 DatabaseName 属性，它使用 ConnectionString 属性与数据库建立连接。

方法 1：在属性窗口设置，操作步骤如下。

在 Adodc 控件的属性窗口中，单击"ConnectionString"的属性按钮 **…**，进入"属性页"的通用对话框，如图 8-18 所示。

选中"使用连接字符串"单选按钮，单击"生成"按钮，进入"数据链接属性"对话框，选中"Microsoft Jet 4.0 OLE DB Provider"选项，如图 8-19 所示。

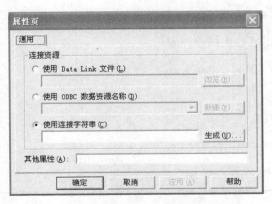

图 8-18 Adodc 控件的"属性页"窗口

图 8-19 "数据链接属性"对话框中的"提供程序"选项卡

单击"下一步"按钮，在打开的窗口中选择和输入要连接的数据库名称，如图 8-20 所示。单击"测试连接"按钮，如果显示"测试连接成功"消息框，则表示连接成功，否则表示连接失败。

模块 8　数据库概述

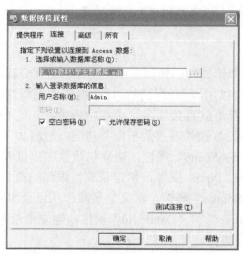

图 8-20 "数据链接属性"对话框中的"连接"选项卡

方法 2：在程序中用下面的代码设置。

Adodc1.ConnectionString = "provider=microsoft.jet.oledb.4.0; data source="+App.Path+"\"+" 学生数据库 .mdb"

2．CommandType 属性

CommandType 属性用于指定获取记录源的命令类型，"记录源"选项卡如图 8-21 所示。CommandType 属性参数，见表 8-3。

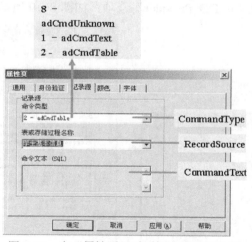

图 8-21 在"属性页"对话框中设置记录源

表 8-3 CommandType 属性参数

属性值	常　　量	描　　　述
1	adCmdText	RecordSource 设为命令文本，通常使用 SQL 语句
2	adCmdTable	RecordSource 设为单个表名
4	adCmdStoredProc	RecordSource 设为存储过程
8	adCmdUnknown	命令类型未知，RecordSource 通常设置为 SQL 语句

3. RecordSource 属性

确定具体可访问的数据源，这些数据构成了记录集对象 Recordset。该属性值可以是一个表名或 SQL 查询语句的一个查询字符串。使用它可以在数据库中查询、添加、修改和删除数据。

方法 1：在属性窗口设置，操作步骤如下。

在 Adodc 控件的属性窗口中，单击"RecordSource"的属性按钮 …，进入"属性页"的"记录源"对话框，如图 8-21 所示，可以选择不同的命令类型。

方法 2：在程序中用代码设置。

例 8-15

```
Adodc1.CommandType=adCndTable
Adodc1.RecordSource= " 基本信息 "
```

例 8-16

```
Adodc1.CommandType=adCmdUnknown
Adodc1.RecordSource= "SELECT 专业 ,COUNT(*) AS 人数   FROM 基本信息 GROUP BY 专业 "
```

例 8-17　将 SQL 语句赋予对象变量，然后再设置 RecordSource 属性。程序代码为：

```
Adodc1.CommandType = adCmdUnknown
dim sql as string
sql$= "SELECT 专业 ,COUNT(*) AS 人数   FROM 基本信息 GROUP BY 专业 "
Adodc1.RecordSource = sql$
```

例 8-18　通过变量构造查询条件。在程序运行时，向 TextBox 控件（变量）输入查询信息，在程序代码中需要将变量连接到 SELECT 语句。

```
Adodc1.CommandType = adCmdUnknown
Adodc1.RecordSource = "SELECT * FROM 基本信息 WHERE 专业 ='" & Text1.Text & "'"
```

4. Recordset 属性（对象）

ADO 数据控件的 Recordset 属性实际上是一个对象，即 Recordset 对象（也称记录集对象），因此，有其属性和方法。在 Visual Basic 中数据库内的表不允许直接访问，而只能通过记录集对象进行记录的操作和浏览，因此，记录集是一种浏览和操作数据库的工具。Recordset 对象包含了从数据源获得的数据（记录）集，使用它可以在数据库中浏览、查询、添加、修改和删除数据。

5. Fields 属性

Recordset 的 Fields 属性是一个集合，每个 Field（字段）对象对应于 Recordset 中的一列，使用 Field 对象的 Value 属性可设置或返回当前记录的数据。

例 8-19　显示当前记录的指定字段值。程序代码为：

```
Text1.Text = Adodc1.Recordset.Fields(1) .Value
Print Adodc1.Recordset.Fields(" 姓名 ").Value
```

例 8-20　给当前记录的指定字段赋值，代码为：

```
Adodc1.Recordset.Fields(0).Value = "080114010"
```

6. AbsolutePosition 属性

该属性返回当前记录的记录号，从 1 到 Recordset 对象所含记录数。

例 8-21　将记录集的当前记录定位在第 3 条。程序代码为：

```
Adodc1.Recordset.AbsolutePosition = 3
```

7. RecordCount 属性

该属性返回记录集对象 Recordset 的记录总数，为只读属性。

8. BOF 和 EOF 属性

如果记录指针位于第一条记录之前，则 BOF 的值为 True，否则为 False。如果记录指针位于最后一条记录之后，则 EOF 的值为 True，否则为 False。如果 BOF 和 EOF 的属性值都为 True，则记录集为空。这两个属性在跟踪记录集的行信息时非常有用。

9. Move 方法组

Move 方法可代替 Adodc 控件的 4 个浏览按钮的操作。

MoveFirst 方法，指针移动到第一条记录。

MovePrevious 方法，指针移动到上一条记录。

MoveNext 方法，指针移动到下一条记录。

MoveLast 方法，指针移动到最后一条记录。

10. AddNew 方法

该方法在记录集中的最后增加一条新记录。

11. Delete 方法

该方法删除记录集中的当前记录。使用 Delete 方法后，当前记录立即被删除，没有任何警告或者提示。删除一条记录后，绑定控件仍旧显示该记录的内容，因此，必须通过移动记录指针来刷新绑定控件。

12. Update 方法

该方法确定修改并保存到数据源中。

13. CancelUpdate 方法

该方法放弃修改。

例 8-22　给"学生基本信息"表添加一条新记录。程序代码为：

```
Adodc1.Recordset.AddNew
Adodc1.Recordset.Fields(" 学号 ") = "120010104"
Adodc1.Recordset.Fields(" 姓名 ") = " 刘海洋 "
Adodc1.Recordset.Fields(" 性别 ") = " 男 "
Adodc1.Recordset.Fields(" 入学时间 ") = #1/23/2012#
Adodc1.Recordset.Update
```

>> 注意　如果编辑了当前记录，则要保证在移动到另一条记录之前，先使用 Update 方法保存修改的内容。如果没有更新就移到另一条记录，则所作的修改将丢失，并且没有警告。

14. Find 方法

使用 Find 方法可以在 Recordset 对象集中查找满足条件的第一条记录，如果找到，则指针指向这条记录，即这条记录成为当前记录；如果没有找到，则指针停留在记录集中的第一条记录之前或最后一条记录之后。

例 8-23　输出记录集中第一个"男生"的姓名。程序代码为：

```
Adodc1.Recordset.Find　性别 =" 男 "
Print  Adodc1.Recordset.fields（" 姓名 "）
```

15. Refresh 方法

用于刷新 ADO 数据控件的连接属性，并重建记录集对象。当运行时改变了 ADO 控件的连接属性，必须通过 Refresh 方法进行刷新，以得到最新数据。

数据表格（DataGrid）控件

DataGrid 控件也是一个数据绑定控件，主要用于显示由数据控件所确定的记录集中的数据。要使数据绑定控件能够显示数据库记录集中的数据，通常首先在设计时或在运行时设置这些控件的 DataSource 属性和 DataField 属性。

1. DataSource 属性

该属性返回或设置一个数据源，通过该数据源，数据绑定控件被绑定到一个数据库。

2. DataField 属性

该属性返回或设置数据绑定控件将被绑定到的字段名。

设置了以上两个属性后，数据绑定控件就可以显示数据库中的记录了。

例如，如果将数据表格控件（DataGrid）的 DataSource 属性设置为一个 ADO 数据控件，则网格中会自动显示记录集中的相应字段名和字段值。

日积月累

数据绑定控件的选择

数据绑定控件的选择应适合所要获取的数据，如果数据是图片或图像，则可以使用图片框控件和图像框控件；如果数据是逻辑值（是与非、真与假），则可以选择单选按钮；如果数据是只读的，则可以选择标签，否则可以选择文本框；如果希望得到表格化的数据，则可以选择数据表格控件。

模 块 小 结

本模块从一个学生信息管理系统出发，详细讲解了数据库的基本概念、Access 创建数据库的过程、SQL 中 SELECT 语句的语法及应用。介绍了 Visual Basic 环境下如何利用 Data 数据控件或 ADO 数据控件与数据绑定控件绑定，以实现对数据库的浏览和查询。详细介绍了数据控件和数据绑定控件常用属性、方法和事件的使用。

实 战 强 化

1）在 Access 下创建"商品订购"数据库，包含下面 3 个表。

商品表（商品号，商品名，单价，库存量）。

顾客表（顾客号，顾客名，性别，年龄）。

订购表（顾客号，商品号，数量，日期）。

完成下面的 SQL 查询。

① 查询订购商品号为"0001"的顾客号和顾客名。

>> **提示** ｜ 用 WHERE 子句。

② 查询订购商品号为"0001"或"0002"的顾客号。

>> **提示** ｜ 用 WHERE 子句和 OR 运算符。

③ 查询至少订购商品号为"0001"和"0002"的顾客号。

>> **提示** ｜ 用子查询。

④ 查询没有订购商品的顾客号和顾客名。

>> **提示** ｜ 用子查询。

⑤ 查询男顾客的人数和平均年龄。

>> **提示** ｜ 用集函数 COUNT（*）和 AVG（年龄）。

⑥ 查询至少订购了一种商品的顾客数。

>> **提示** ｜ 用集函数 COUNT(DISTINCT 顾客号)。

2）参考本模块任务 2 学生信息浏览程序（使用 Data 数据控件），对第 1）题创建的"商品订购"数据库，设计商品信息浏览、顾客信息浏览和订购情况浏览程序。

3）设计一个学生个人资料管理程序，能够完成新增、删除、查询和浏览学生个人资料的功能，如图 8-22 所示。单击"查找"按钮，打开"查找姓名"对话框，如图 8-23 所示。输入要查找的姓名，如果找到，则在"学生个人资料"对话框显示该学生的资料，否则，提示"没有找到"信息。单击"新增"按钮和"删除"按钮，分别完成新增学生和删除当前学生。单击"照片"按钮，弹出一个通用对话框，选择一个照片插入，并写入数据库。

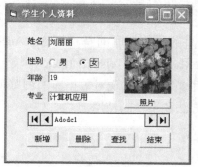

图 8-22 个人资料管理程序的执行界面

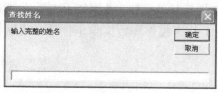

图 8-23 "查找姓名"对话框

> **提示**
>
> ① 单选按钮不是数据绑定控件，要建立其与字段之间的联系，需要通过对"性别"字段赋值来完成。浏览时根据"性别"字段的值，来设置单选按钮的值。
>
> ② 调用系统定义的对话框 InputBox()，等待用户输入文本，然后返回文本框的内容。
>
> ```
> Dim name as String
> name=InputBox(" 输入完整的姓名 "," 查找姓名 ")
> ```
> ③ 在窗体上放置一个通用对话框，并设置运行时隐藏，以实现通过对话框查找所需要的照片的功能。
>
> ④ 在"照片"按钮的 Click 事件中用下面的代码装入照片。
>
> ```
> CommonDialog1.ShowOpen
> Image1.Picture = LoadPicture(CommonDialog1.FileName)
> ```

模块 9 数据库编程

Visual Basic 特点

Visual Basic 6.0 是简捷、高效的数据库应用程序开发工具，它提供了一个强大的数据库开发平台，很多应用程序开发者都选择了它作为数据库应用程序的前台开发工具。

工作领域

在实际工作中，程序设计面临着许多数据处理任务。比如，在学生信息管理系统中，需要浏览和查询学生的相关信息，需要插入、删除和修改数据；在各种信息管理系统中，需要存储和管理大量数据。涉及数据库处理的任务在实际工作中非常多。数据库技术具有良好的实用价值，因此，学习和掌握数据库编程技术，是今后工作内容的一个重要方面。

技能目标

本模块仍然以学生信息管理系统为主线，学习数据库编程技术，完成学生信息管理系统的登录、查询、数据的增删改和学生选课功能模块的设计。通过本模块内容的学习和实践，读者能够获得访问数据库的基本方法和数据库的编程技术，能够理解和掌握基于 Visual Basic 的数据库应用程序开发技术，为日后开发各种数据库应用系统奠定基础。

任务 1　登录界面

对于一个信息管理系统来说，登录界面是进行身份验证的一个窗口，也是很多数据库应用软件的门禁，只有合法用户或操作者才被允许进入使用，学生信息管理系统也不例外。本任务使用了 ADO 对象编程技术，通过学习和实践，读者能够初步掌握 ADO 编程技术基础，掌握 Command、Connection、Recordset 对象的使用方法。

任务情境

用户在使用应用软件具体功能前，将用户名、密码和用户权限输入到登录界面中，程序验证和判断是否允许进入目标功能界面。登录对话框如图 9-1 所示。

由于使用该系统的用户有管理员和学生，而不同的用户具有不同的操作权限，所以登录的时候，需要先进行角色的选择，然后再登录，通过验证后，才可以进入相应的管理界面。如果用户的管理员角色得到确认，则进入管理员界面，如图 9-2 所示。相应的，学生角色得到确认后，将进入学生界面。当登录界面中用户名或密码输入错误时，将弹出输入有误消息对话框，如图 9-3 所示。

图 9-1　登录对话框　　　　图 9-2　管理员界面　　图 9-3　输入有误消息对话框

任务分析

1）登录程序主要实现。

用户角色的选择：可以分为管理员和学生用户。

用户登录：对于每一个登录的用户，输入用户名或密码的次数应该不超过 3 次，如果超过 3 次，则不再允许输入，自动退出。

2）涉及的数据库技术。

① 数据库。在学生数据库中新建一个用户表 Login，定义三个字段为"用户名称""用户密码"和"用户权限"。

② 使用 ADO 编程技术。核心是设置 Connection 对象、Recordset 对象和 Command 对象。

在一般情况下，使用 ADO 编程技术存取数据的步骤如下。

a）连接数据源：使用 Connection 对象的 Open 方法。

b）打开记录集对象：实际上记录集返回的是一个从数据库取回的查询结果集。

c）使用记录集：可以使用 Move 方法组或 AddNew、Update、CancelUpdate、Delete 方法，以及执行 SQL 语句。

d）断开连接：使用 Close 方法。

3）在代码编程中使用 ADO，需要进行"引用"。因为 ADO 被封装在 Microsoft ActiveX 中。

4）通过组合框的 AddItem 方法，设置组合框的下拉列表内容为"管理员"或"学生"。

5）从学生数据库的表 Login 中读取用户名称、用户密码和用户权限字段下的记录值 RS（"用户名称"）、RS（"用户密码"）和 RS（"用户权限"），与界面中输入的用户名（txtName.Text）、密码（txtPassword.Text）和用户权限（CmbUserType.Text）的值作比较，为"真"时进入目标界面，为"假"时弹出输入有误消息对话框。

6）涉及两个重要的记录集属性。

RS.RecordCount，记录集中记录的总数。

RS.AbsolutePosition，记录指针的绝对位置。

7）本任务涉及多窗体界面，所以需要添加新窗体，并且利用窗体的 Show 方法显示新窗体，利用 Unload 方法或 Hide 方法卸载或隐藏暂时不用的窗体。

任务实施

1）启动 Microsoft Access，打开"学生数据库"，添加一个新表 Login，包含用户名称、用户密码和用户权限三个字段。

2）设计登录界面。

① 新建一个工程。

② 执行"工程"→"引用"→"Microsoft Active Data Object 2.5 Library"命令。

③ 主窗体命名为"frmLogin"，在主窗体上添加 3 个标签控件 Label、2 个文本框控件 TextBox、1 个组合框控件 ComboBox 和 3 个命令按钮控件 CommandButton，并按图 9-1 布局。

④ 执行"工程"→"添加窗体"命令，添加管理员新窗体，命名为"manager"。

⑤ 执行"工程"→"添加窗体"命令，添加学生新窗体，命名为"students"。

⑥ 在属性窗口中设置控件的属性，见表 9-1，标签控件的属性略。

表 9-1　在属性窗口中设置属性

	控 件 名	属 性 名 称	属 性 值	说 明
窗体	frmLogin	Caption	登录对话框	登录主窗体
		StartUpPosition	2- 屏幕中心	
	manager	Caption	管理员界面	管理员操作界面
		StartUpPosition	2- 屏幕中心	
	students	Caption	学生界面	学生操作界面
		StartUpPosition	2- 屏幕中心	
文本框	txtUserName	Text	空	用户名
	txtPassword	Text	空	用户密码
命令按钮	cmdOK	Caption	确定	确定
	cmdReset	Caption	重置	重置
	cmdCancel	Caption	取消	取消
组合框	cmbUserType	Text	空	用户权限

3）进入主窗体 frmLogin 代码窗口，在相应的 Sub 块中编写如下代码。

```
Private DB As ADODB.Connection        '将对象变量 DB 指向具体对象 ADODB 的 Connection
Private RS As ADODB.Recordset         '将对象变量 RS 指向具体对象 ADODB 的 Recordset


Private Sub cmdOK_Click()
    Dim i As Integer
```

```
        For i = 1 To RS.RecordCount
        RS.AbsolutePosition = i
        If Trim(RS(" 用户名称 ")) = txtUserName.Text And Trim(RS(" 用户密码 ")) = txtPassword.Text And Trim
(RS(" 用户权限 ")) = CmbUserType.Text          'Trim 函数是去掉 "用户名称"中的前导空格和尾随空格
        Then
        Select Case Trim(RS(" 用户权限 "))
          Case " 管理员 "
            manager.Show                '显示窗体 manager
            Unload frmLogin             '卸载窗体 frmLogin
            Exit For
          Case " 学生 "
            students.Show               '显示窗体 students
            Unload frmLogin             '卸载窗体 frmLogin
            Exit For
          End Select
        Else
        If  i = RS.RecordCount Then
          MsgBox " 输入有误，请重试 !", " 登录 "
        End If
      End If
Next
End Sub

Private Sub cmdReset_Click()
    txtUserName.Text = ""
    txtPassword.Text = ""
    CmbUserType.Text = ""
End Sub

Private Sub cmdCancel_Click()
    End
End Sub

Private Sub Form_Load()
    With CmbUserType
    .AddItem " 管理员 "
    .AddItem " 学生 "
End With
Set DB = New ADODB.Connection          '将对象 ADODB 的 Connection，赋给对象变量 DB
DB.Open "Provider = microsoft.jet.oledb.3.51;data source=" & App.Path & "\ 学生数据库 .mdb"
Set RS = New ADODB.Recordset           '将对象 ADODB 的 Recordset，赋给对象变量 RS
    RS.Open "login", DB, adOpenKeyset, adLockOptimistic
End Sub
```

4）设计管理员界面。

进入 "manager" 窗体，在该窗体上放置一个标签控件，将其 Caption 属性设置为 "欢迎进入管理员操作界面"。

5）设计学生界面。

进入 "students" 窗体，在该窗体上放置一个标签控件，将其 Caption 属性设置为 "欢迎进入学生操作界面"。

6）运行程序。

知识提炼

1．ADO 基本概念

ADO（ActiveX Data Objects，ActiveX 数据对象）是 Microsoft 专为不同类型数据存取而开发的，它被封装在 Microsoft 提供的 Windows 操作系统 ActiveX 中，以模块形式设计，以接口形式设置，以对象形式应用。其使用简单，用户不必知道它的过程和细节，只需知道其对象属性和接口参数即可。

ADO 模型定义了一个可编程分层对象集合，由较上层 Connection、Command 和 Recordset 对象构成。Field、Property 和 Parameter 则是 Connection、Command 和 Recordset 对象的子对象，如图 9-4 所示。

1）Connection 对象又称连接对象，用于建立数据源的连接。在使用任何数据库之前，首先应创建程序与数据库的连接，然后才能对数据库进一步操作。

2）Command 对象又称命令对象，负责对数据库提供请求，也就是传递指定的 SQL 语句。在建立 Connection 后，通过 Command 命令（例如，SQL 语句）对数据源的数据进行操作（查询、添加、删除、修改等）。

3）Recordset 对象又称动态记录集对象，代表数据库中表的记录集或 Command 的操作结果。Recordset 对象是最主要的对象，当用 Command 对象或 Connection 对象执行查询命令后，就会得到一个 Recordset 对象，该对象包含满足条件的所有记录。

这三个对象的逻辑关系是，利用 Connection 对象建立与数据库的连接，然后利用 Command 对象对数据库执行查询等 SQL 语句，得到 Recordset 记录集，最后在 Recordset 对象中进行具体操作。在实际编程过程中，使用 ADO 的一个典型的存取数据的步骤如下。

连接数据源→打开动态记录集对象→使用记录集→断开连接。

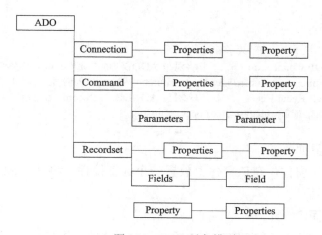

图 9-4　ADO 对象模型

2．ADO 的引用

在使用 ADO 编程之前，要将 ADO 函数库设置为引用项目，通过执行"工程"→"引用"命令，选中"Microsoft Active Data Object 2.1 Library"复选框，因为 ADO 被封装在 Microsoft ActiveX 中。

3．ADO 应用的基本步骤

1）通过定义，声明 Connection、Command 和 Recordset 对象变量。例如：

```
Private DB As ADODB.Connection
Private RS As ADODB.Recordset
```

2）用关键字 Set 创建对象，例如：

```
Set DB = New ADODB.Connection
Set RS = New ADODB.Recordset
```

3）设置数据库接口参数，例如：

```
DBConnection ="Provider = microsoft.jet.oledb.3.51;data source=" & App.Path & "\学生数据库 .mdb"
```

4）打开数据库，例如：

```
DB.Open DBConnection
```

5）打开动态记录集。

格式：Recordset.Open "数据表或 SQL 查询"，数据库对象变量，指针类型，锁定方式

例如：

```
RS.Open "login",DB, adOpenKeyset, adLockOptimistic
```

其中常用的两个参数是 adOpenKeyset，表示支持双向指针移动；adLockOptimistic，表示调用 Recordset 的 Update 方法时，锁定记录。

6）使用动态记录集。

例如，显示动态记录集 RS 的记录总数。

代码为：

```
print RS.RecordCount
```

例如，将动态记录集 RS 中当前记录的"用户名称"字段值显示在一个文本框中。

代码为：

```
Text1.Text=RS(" 用户名称 ")
```

4．代码设计的要点

在查询中需要将数据库中的数据记录进行扫描，逐一比较，直到查询出所需结果，编程的基本格式为：

```
For i = 1 To RS.RecordCount          '从第一条记录直到最后一条记录
    RS.AbsolutePosition = i          '指针定位到第 i 条记录
    …                                '使用第 i 条记录的语句，比如，比较、赋值等
    Exit For                         '结束查询
Next
```

5．打开和关闭窗体

在应用程序中，经常会用到多窗体操作，需要打开新窗体和关闭暂时不用的窗体。

1）打开一个新窗体。

格式：窗体名称 .Show

例如：

manager.Show

2）关闭窗体。

格式①：Unload 窗体名称

格式②：窗体名称 .Hide

例如：

Unload frmLogin

注意：Unload 为卸载窗体，重新打开时需要再次装载，Hide 为隐藏，没有卸载。

任务 2　学生基本信息查询

学生信息管理系统中，信息查询是必不可少的重要功能。本任务通过选择不同的查询条件，完成简单查询、组合查询和模糊查询，利用 ADO 编程技术设计了一个实用的学生信息查询程序。将 SQL 查询结果设置为数据绑定控件 DataGrid 的数据源，可以将查询结果显示在数据网格中。通过本任务的学习，读者能够更好地掌握 ADO 编程技术，进一步熟悉 ADO 编程的核心技术。

任务情境

为了简化查询操作，把查询分为 3 种情况，即"显示全部数据""使用姓名和学号"组合查询和"使用其他条件"组合查询，在查询时采用直接选择需要浏览的条件进行组合查询。查询程序的执行界面，如图 9-5 所示。程序运行时，通过选择 3 个单选按钮选择查询条件，在数据网格中显示查询结果。

任务分析

本任务涉及的主要问题和解决方法如下。

1）要使用 ADO 编程，需要先进行"引用"。

2）查询方式包含简单查询、组合查询和模糊查询。查询结果显示在数据表格中。

3）在查询过程中，不仅可以使用选择条件查询，还可以采用输入数据的方法查询，特别是对姓名和学号还可以使用模糊查询的方法查找记录。在"姓名"下拉列表框中输入"安"字之后，所有姓名中包含"安"字的学生全部显示在表格中。模糊查询使用 LIKE 条件查询格式。

4）查询功能的实现，主要是当用户进行条件选择时数据表格同步显示。其原理是在动态数据集的记录集发生变化后，重新将动态数据集设置为数据表格的数据源，数据表格即可以随动态数据集的变化而变化。

5）窗体装入时，利用组合框控件的 **AddItem** 方法，将"性别"（男、女）、"政治面貌"（党员、团员、群众）、"专业"（计算机应用、计算机网络技术、装潢艺术设计、软件工程等专业名称）和"入学时间"相对应的项目添加到各自的组合框中。

6）使用 SQL 生成满足查询条件的记录集，并将查询结果显示在数据表格 **DataGrid** 中，可设置数据绑定控件 **DataGrid** 的数据源为动态记录集（由 SQL 查询语句生成）。

7）数据库连接、动态记录集及其使用方法和步骤如下。

声明对象→创建对象→设置数据库接口并打开数据库→打开记录集→使用记录集。

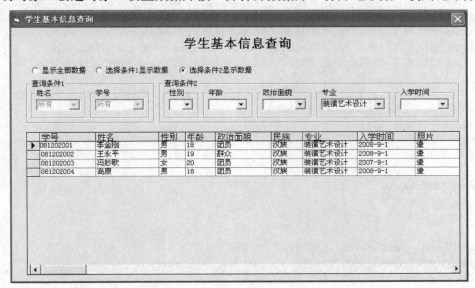

图 9-5　查询程序的执行界面

任务实施

1）新建一个工程。

2）执行"工程"→"引用"命令，再选择"Microsoft Active Data Object 2.5 Library"，添加"引用"。

3）设计"学生信息查询"界面。

在窗体上添加控件，并按图 9-5 布局。在属性窗口中设置各个控件的属性，其中，窗体名设置为"Q_basic"，数据表格控件的名称设置为"Dgstudents"，其他控件的属性设置略。

4）进入代码窗口，在相应的 **Sub** 块中编写如下代码。

```
'定义和声明部分
Public DB As ADODB.Connection
Public RS As ADODB.Recordset
Public RS1, RS2, RS3, RS4, RS5  As ADODB.Recordset

Public sqlStr As String                      '共用部分 SQL 查询字符串
Public sqlStrX As String                     '组合查询部分 SQL 查询字符串
Dim strX(7) As String
```

程序设计基础

——Visual Basic 6.0 案例教程（第 3 版）

```vb
Public Sub DataBase()                          '数据库连接设置
    Set DB = New ADODB.Connection
    DB.Open "Provider = microsoft.jet.oledb.3.51;data source=" & App.Path & "\学生数据库.mdb"
    Set RS = New ADODB.Recordset
    RS.Open "select * from 基本信息 ", DB, adOpenKeyset, adLockOptimistic
    ' 以下动态数据集为初始化组合框而设定
    Set RS1 = New ADODB.Recordset:     Set RS2 = New ADODB.Recordset
    Set RS3 = New ADODB.Recordset:     Set RS4 = New ADODB.Recordset
    Set RS5 = New ADODB.Recordset:
    RS1.Open "SELECT distinct 政治面貌 FROM 基本信息 ", DB, adOpenKeyset, adLockOptimistic
    RS2.Open "SELECT distinct 专业 FROM 基本信息 ", DB, adOpenKeyset, adLockOptimistic
    RS3.Open "SELECT distinct 入学时间 FROM 基本信息 ", DB, adOpenKeyset, adLockOptimistic
    RS4.Open "SELECT 学号 FROM 基本信息 ", DB, adOpenKeyset, adLockOptimistic
    RS5.Open "SELECT distinct 姓名 FROM 基本信息 ", DB, adOpenKeyset, adLockOptimistic
End Sub

Private Sub Combo1_Change(Index As Integer)
    strX(Index) = Combo1(Index).Text
    If Index < 5 Then
        Call RefreshX1
    Else
        Call RefreshX2
    End If
End Sub

Private Sub Combo1_click(Index As Integer)
    strX(Index) = Combo1(Index).Text
    If Index < 5 Then
        Call RefreshX1
    Else
        Call RefreshX2
    End If
End Sub
Private Sub Form_Load()
    For i = 0 To 6
        Combo1(i).AddItem " 所有 "
    Next
    Call Init
End Sub
Sub Init()
    Call DataBase
    Set DataGrid1.DataSource = RS
    With Combo1(0)
    .AddItem " 男 "
    .AddItem " 女 "
    End With
    Do While Not RS1.EOF
        Combo1(2).AddItem RS1(" 政治面貌 ")
        RS1.MoveNext
    Loop
```

9

CHAPTER

174

```
        Do  While  Not  RS2.EOF
            Combo1(3).AddItem  RS2(" 专业 ")
            RS2.MoveNext
        Loop
        Do  While  Not  RS3.EOF
            Combo1(4).AddItem  RS3(" 入学时间 ")
            RS3.MoveNext
        Loop
        Do  While  Not  RS4.EOF
            Combo1(5).AddItem  RS4(" 学号 ")
            RS4.MoveNext
        Loop
        Do  While  Not  RS5.EOF
            Combo1(6).AddItem  RS5(" 姓名 ")
            RS5.MoveNext
        Loop
End  Sub

Sub  RefreshX1()
    RS.Close
    sqlStrX = "SELECT * FROM 基本信息 WHERE 学号 LIKE '%' "
    If strX(0) <> " 所有 " And strX(0) <> "" Then
        sqlStrX = sqlStrX & " AND   性别 ='" & strX(0) & "'"
    End  If
    If strX(1) <> " 所有 " And strX(1) <> "" Then
        sqlStrX = sqlStrX & " WHERE 年龄 ='" & strX(1) & "'"
    End  If
    If strX(2) <> " 所有 " And strX(2) <> "" Then
        sqlStrX = sqlStrX & " AND   政治面貌 ='" & strX(2) & "'"
    End  If
    If strX(3) <> " 所有 " And strX(3) <> "" Then
        sqlStrX = sqlStrX & " AND   专业 ='" & strX(3) & "'"
    End  If
    If strX(4) <> " 所有 " And strX(4) <> "" Then
        sqlStrX = sqlStrX & " AND   入学时间 =#" & strX(4) & "#"
    End  If
    RS.Open sqlStrX, DB, adOpenKeyset, adLockOptimistic
    Set  DataGrid1.DataSource = RS
End  Sub
Sub  RefreshX2()
    RS.Close
    sqlStrX = "SELECT * FROM 基本信息 WHERE 学号 LIKE '%'    "
    If strX(5) <> " 所有 " And strX(5) <> "" Then
        sqlStrX = sqlStrX & " AND   学号 ='" & strX(5) & "'"
    End  If
    If strX(6) <> " 所有 " And strX(6) <> "" Then
        sqlStrX = sqlStrX & "AND   姓名   LIKE '%" & strX(6) & "%' "
    Else
        sqlStrX = sqlStrX & " AND   姓名  LIKE '%'    "
    End  If
```

```vb
        RS.Open sqlStrX, DB, adOpenKeyset, adLockOptimistic
        Set DataGrid1.DataSource = RS
    End Sub
    Sub RefreshX()
        RS.Close
        RS.Open "SELECT * FROM 基本信息 ", DB, adOpenKeyset, adLockOptimistic
        Set DataGrid1.DataSource = RS
        For i = 0 To 6
            strX(i) = " 所有 "
        Next
    End Sub

    Private Sub Option1_Click()
        Call RefreshX
        If Option1.Value = True Then
            For i = 0 To 6
                Combo1(i).Text = " 所有 "
                Combo1(i).Enabled = False
            Next
        End If
    End Sub

    Private Sub Option2_Click()
        Call RefreshX
        If Option2.Value = True Then
            For i = 0 To 4
                Combo1(i).Enabled = True
            Next
            Combo1(5).Text = " 所有 "
            Combo1(6).Text = " 所有 "
            Combo1(5).Enabled = False
            Combo1(6).Enabled = False
        End If

    End Sub

    Private Sub Option3_Click()
        Call RefreshX
        If Option3.Value = True Then
            For i = 0 To 4
                Combo1(i).Text = " 所有 "
                Combo1(i).Enabled = False
            Next
            Combo1(5).Enabled = True
            Combo1(6).Enabled = True
        End If
    End Sub
```

5）运行程序。

同理，可以设计"课程表"（窗体名为 Q_course）和"选课信息"（窗体名为 Q_sc）

的查询程序。

知识提炼

本任务使用的编程技术与本模块任务 1 中的相同,新的编程技术有下面几点。

1)设置数据绑定控件 DataGrid1 的数据源为动态记录集。

例如:

```
Set  DataGrid1.DataSource  =  RS
```

RS 的数据集自动填充数据表格控件,并且自动设置其列标头。

2)动态记录集的 Open 方法。

SQL 语句实际上是作为 RS 的 Open 方法的一个参数出现的。

例如:

```
Dim  sql  as  string
sql=  "select  *  from    基本信息  where    专业 ="计算机应用 ""
RS.Open  sql,  DB,  adOpenKeyset,  adLockOptimistic
```

3)BOF 属性和 EOF 属性。

如果记录指针位于动态数据集中的第一条记录之前,则 BOF 的值为 True,否则为 False。如果记录指针位于动态数据集中的最后一条记录之后,则 EOF 的值为 True,否则为 False。如果 BOF 和 EOF 的属性值都为 True,则动态记录集为空。这两个属性在跟踪记录集的行信息时非常有用。

4)MoveNext 方法。

MoveNext 方法将当前行指针重新定位到指定的动态数据集的下一行,使其成为当前行。

如果最后一行是当前行,则再使用 MoveNext 方法时,EOF 的属性值被设置为 True。

5)使用动态记录集初始化组合框。

例如:

```
Do  While  Not  RS.EOF
    Combo1.AddItem  RS2(" 专业 ")
    RS.MoveNext
Loop
```

6)子程序和 Call 方法。

子程序是一个独立的功能模块,在程序设计中通常将一些反复使用的语句或一组构成特定功能的语句,从过程中分离出去,设计成子程序,供过程调用。

子程序的调用格式:Call 子程序名。

例如:

```
 Call  RefreshX
```

任务 3   学生信息的添加、删除和修改

学生信息管理系统中,非常重要的另一项功能就是对学生数据进行添加、删除和修改。

本任务利用 ADO 编程技术设计了一个实用的学生信息编辑程序。通过本任务的学习和实践，读者能够掌握动态记录集的 AddNew 和 Update 属性及其应用。不仅更加熟悉 ADO 编程技术，同时也建立了软件开发的基本思想，为日后开发数据库应用系统奠定基础。

任务情境

图 9-6 是学生基本信息添加程序的执行界面。程序运行时，在窗口中输入要添加的学生信息，其中，学生照片通过单击"照片"按钮，打开通用对话框，选择所需要的照片插入即可，再单击"添加"按钮，打开确认添加对话框，如图 9-7 所示。单击"确定"按钮后，将新学生的数据写入数据库。单击"重置"按钮，重新输入数据。

图 9-6 "学生基本信息添加"程序的执行界面

图 9-7 确认添加对话框

任务分析

1）本任务使用的编程技术与本模块任务 2 中的相同。

2）窗体装入时，利用组合框控件的 AddItem 方法，将"性别"（男、女）、"政治面貌"（党员、团员、群众）、"专业"（计算机应用、计算机网络技术、装潢艺术设计、软件工程等专业名称）和"入学时间"相对应的项目添加到组合框中。

3）窗体上放置一个通用对话框，并设置运行时隐藏，以实现通过对话框查找所需要的照片。

4）在"照片"按钮的 Click 事件中用下面的代码装入照片。

```
Image1.Picture = LoadPicture(CommonDialog1.FileName)
```

5）主要使用 RS 的 AddNew 和 Update 属性，实现记录的添加。

任务实施

1）新建一个工程。

2）选择"工程"→"引用"命令，再选择"Microsoft Active Data Object 2.5 Library"。

3）设计学生信息添加界面。在窗体上添加控件，并按图 9-6 布局。在属性窗口中设置控件的属性，见表 9-2。其他控件的属性略。

表 9-2　在属性窗口中设置属性

	控 件 名	属 性 名 称	属 性 值	说　　明
窗体	B_add	Caption	学生基本信息添加	
		StartUpPosition	2- 屏幕中心	
文本框	txtNo	Text	空	学号
	txtName	Text	空	姓名
	TxtAge	Text	空	年龄
	TxtM	Text	空	民族
组合框	CmbSex	Text	空	性别
	CmbZ	Text	空	政治面貌
	CmbDep	Text	空	专业
	CmbCom	Text	空	入学时间
命令按钮	cmdAdd	Caption	添加	
	cmdReset	Caption	重置	
	cmdClose	Caption	关闭	

4）进入代码窗口，在相应的 Sub 块中编写如下代码。

```
Option Explicit
Private DB As ADODB.Connection
Private RS As ADODB.Recordset
Private RS1 As ADODB.Recordset
Dim photoFilename As String

Private Sub cmdAdd_Click()
  Dim i As Integer
  Dim response1
  response1 = 0
  For i = 1 To RS.RecordCount
    RS.AbsolutePosition = i
    If RS(" 姓名 ") = txtName And RS(" 学号 ") = txtNo Then
      response1 = MsgBox(" 该学生已添加，请做其他操作！ ", , " 重复记录显示 ")
      Exit Sub
    End If
  Next
  Dim response2
  If response1 = 0 Then
    response2 = MsgBox(" 如果无误，请确认！ ", vbOKCancel, " 添加 ")
    If response2 = 1 Then
      RS.AddNew
      RS(" 学号 ") = txtNo:        RS(" 姓名 ") = txtName
      RS(" 性别 ") = CmbSex:    RS(" 年龄 ") = TxtAge
      RS(" 政治面貌 ") = CmbZ: RS(" 民族 ") = TxtM
      RS(" 专业 ") = CmbDep:    RS(" 入学时间 ") = CmbCom
      RS.Fields(" 照片 ") = photoFilename
      RS.Update:
```

```vb
            txtNo = "": txtName = ""
            CmbSex = "": TxtAge = ""
            CmbDep = "": TxtM = ""
            CmbZ = "":    CmbCom = ""
        Else
        Exit Sub
      End If
  End If
End Sub
Private Sub cmdClose_Click()
    End
End Sub


Private Sub CmdPic_Click()
    CommonDialog1.FileName = ""
    CommonDialog1.ShowOpen
    If CommonDialog1.FileName <> "" Then
       Image1.Picture = LoadPicture(CommonDialog1.FileName)
       photoFilename = CommonDialog1.FileName
     End If
End Sub


Private Sub CmdReset_Click()
    txtNo = "": txtName = ""
    CmbSex = "": TxtAge = ""
    CmbDep = "": TxtM = ""
    CmbZ = "":    CmbCom = ""
End Sub


Private Sub Form_Load()
    Set DB = New ADODB.Connection
    DB.Open "Provider = microsoft.jet.oledb.3.51;data source=" & App.Path & "\ 学生数据库 .mdb"
    Set RS = New ADODB.Recordset
    RS.Open " 基本信息 ", DB, adOpenKeyset, adLockOptimistic
    With CmbSex
        .AddItem " 男 "
        .AddItem " 女 "
    End With
    With CmbDep
        .AddItem " 计算机应用 ": .AddItem " 计算机网络技术 "
        .AddItem " 装潢艺术设计 ": .AddItem " 软件工程 "
    End With
    With CmbCom
        .AddItem "2008-9-1": .AddItem "2009-9-1"
        .AddItem "2010-9-1": .AddItem "2011-9-1"
        .AddItem "2012-9-1": .AddItem "2013-9-1"
    End With
    With CmbZ
```

```
        .AddItem "党员"
        .AddItem "团员"
        .AddItem "群众"
    End With
End Sub
```

5）运行程序。

6）参考"学生基本信息添加"程序，设计"学生基本信息删除"程序（窗体命名为"B_delete"），其运行界面如图 9-8 所示。

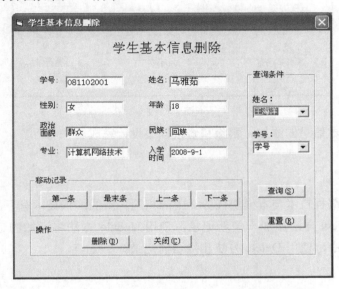

图 9-8 "学生基本信息删除"程序的执行界面

学生信息删除程序的设计要点主要有 3 个。

①在"移动记录"按钮组中的 Click 事件中，利用 Move 方法组移动指针，同时，利用 BOF 和 EOF 的属性值判断指针是否移动到表头或表尾。

②在"查询"按钮的 Click 事件中，用下面的 SQL 语句查询要删除的学生，并在窗口中显示该学生的信息。

```
Dim RS As ADODB.Recordset
Dim sql As String
sql = "SELECT * FROM 基本信息 WHERE  学号='" & CmbNo.Text & "'"
RS.Open sql, DB, adOpenKeyset, adLockOptimistic
Set txtName.DataSource = RS:          Set txtNo.DataSource = RS
Set txtSex.DataSource = RS:           Set TxtAge.DataSource = RS
Set TxtZ.DataSource = RS:             Set TxtM.DataSource = RS
Set txtCom.DataSource = RS:           Set txtDep.DataSource = RS
CmbNo = "学号":                                CmbName = "姓名"
```

③单击"删除"按钮后，弹出消息对话框，确认是否删除。

7）参考"学生基本信息删除"程序，设计"学生基本信息修改"程序（窗体命名为"B_update"），其运行界面如图 9-9 所示。

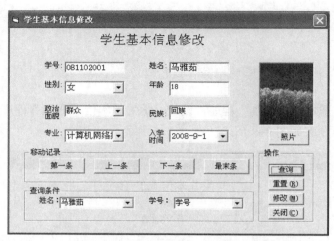

图 9-9 "学生基本信息修改"程序的执行界面

至此，学生基本信息的添加、删除和修改程序设计完成。

知识提炼

本任务使用的编程技术与本模块任务 2 中的相同。新的编程技术有下面几点。

1）使用 AddNew 方法添加一条新记录，使用 Update 方法将添加的记录或修改的记录有效地写入数据库中，使用 Delete 方法删除当前记录。

例如：

```
RS.AddNew
RS(" 学号 ") = txtNo
RS(" 姓名 ") = txtName
RS(" 性别 ") = CmbSex
…
RS.Update
```

2）Exit Sub 语句。

在程序设计过程中，该语句是中断功能模块的运行。当执行到 Exit Sub 语句时，立即从一个 Sub 模块中退出，程序接着从调用该 Sub 过程的语句的下一条语句执行。在 Sub 模块的任何位置都可以使用 Exit Sub 语句。灵活应用 Exit Sub，会方便设计复杂的程序。

任务 4 学生选课程序

学生选课是学生信息管理系统中不可缺少的部分，学生可根据需要选修课程。本任务通过 ADO 编程技术和 SQL 多表查询完成。

任务情境

图 9-10 是学生选课程序的执行界面，程序运行时，学生输入学号，单击"查询"按钮，

在数据网格中显示该学生前面学期已经选修过的课程及其学分和成绩，学生可根据需要，选择本学期要修的课程；单击"选课"按钮后，学生可以在"选课器"中通过四个按钮进行选课和退选操作，最后单击"提交"按钮，将选择的全部课程写入数据库，如果课程已经选修过，则弹出"已经选修"提示窗口，要求重新选课。

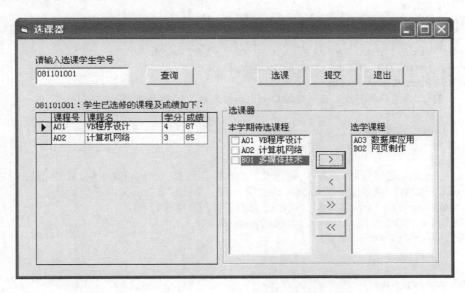

图 9-10　学生选课程序的执行界面

任务分析

1）本任务使用的 ADO 编程技术与本模块任务 2 中的相同。

2）选课程序的设计界面已经在模块 4 任务 2 中完成，本任务只介绍数据库编程部分。

3）在"提交"按钮的 Click 事件中，通过下面代码将选课学生的学号和所选择的课程写入"选课信息"表中。

```
RS.Fields(" 学号 ") = TxtNo.Text
RS.Fields(" 课程号 ") = Left(List2.List(i), 3)
```

其中，利用 Visual Basic 中的取左串函数 left，提取列表框中的项目名称字符串的左边 n 个字符（提取课程号）。

任务实施

学生选课程序的设计界面、窗体中各控件的属性以及程序代码，在模块 4 任务 2 中已经完成，这里直接给出该程序的数据库编程部分的代码。

```
Private DB As ADODB.Connection
Private RS As ADODB.Recordset
Private RS1 As ADODB.Recordset
Dim i As Integer
Dim sql As String
```

```vb
Private Sub ComQue_Click()
    Set RS = New ADODB.Recordset
    Set RS1 = New ADODB.Recordset
    If TxtNo.Text = "" Then
        MsgBox " 请输入学号 ", , " 提示 "
        TxtNo.SetFocus
        Exit Sub
    Else
        sql = "select  *  from  基本信息  where  学号 ='" &TxtNo& "'"
        RS1.Open sql, DB, adOpenKeyset, adLockOptimistic
        If RS1.RecordCount = 0 Then
            MsgBox " 该学号不存在，请检查后重新输入！ ", , " 提示 "
            TxtNo.Text = ""
            TxtNo.SetFocus
        Exit Sub
        End If
         sql = "select  选课信息 . 课程号 , 课程表 . 课程名 , 课程表 . 学分 , 选课信息 . 成绩  from  选课信息 ,
课程表  where  课程表 . 课程号 = 选课信息 . 课程号  and  学号 ='" &TxtNo& "'"
        Label3.Caption = TxtNo.Text& "： 学生已选修的课程及成绩如下： "
        RS.Opensql, DB, adOpenKeyset, adLockOptimistic
        Set DataGrid1.DataSource = RS
    End If
End Sub
Private Sub ComSelect_Click()
    Dim str As String
    Set RS = New ADODB.Recordset
    Set RS1 = New ADODB.Recordset
    RS.Open " 课程表 ", DB, adOpenKeyset, adLockOptimistic
    sql = "select  * from 选课信息 where  学号 ='" &TxtNo& "'"
    RS1.Open sql, DB, adOpenKeyset, adLockOptimistic
    Do While Not RS.EOF
            str = RS.Fields(" 课程号 ")
            flag = True
            Do While Not RS1.EOF
                If str<> RS1.Fields(" 课程号 ") Then
                    RS1.MoveNext
                Else
                flag = flase
                Exit Do
            End If
    Loop
    If flag = True Then
        List1.AddItem RS(" 课程号 ") & " " & RS(" 课程名 ")
    End If
    RS.MoveNext
    Loop
End Sub

Private Sub Command1_Click(Index As Integer)
    i = 0
```

```
        Select Case Index
        Case 0
            Do While i< List1.ListCount
                If List1.Selected(i) = True Then
                    List2.AddItem List1.List(i)
                    List1.RemoveItem i
                Else
                    i = i + 1
                End If
            Loop
        Case 1
            Do While i< List2.ListCount
                If List2.Selected(i) = True Then
                    List1.AddItem List2.List(i)
                    List2.RemoveItem i
                Else
                    i = i + 1
                End If
            Loop
        Case 2
            For i = 0 To List1.ListCount - 1
                List2.AddItem List1.List(i)
            Next
            List1.Clear
        Case 3
            For i = 0 To List2.ListCount - 1
                List1.AddItem List2.List(i)
            Next
            List2.Clear
        End Select
End Sub

Private Sub CommOk_Click()
    Set RS = New ADODB.Recordset
    RS.Open " 选课信息 ", DB, adOpenKeyset, adLockOptimistic
    For i = 0 To List2.ListCount
        RS.AddNew
        RS.Fields(" 学号 ") = TxtNo.Text
        RS.Fields(" 课程号 ") = Left(List2.List(i), 3)
        RS.Update
    Next
End Sub

Private Sub ComEnd_Click()
    End
End Sub
Private Sub Form_Load()
    Set DB = New ADODB.Connection
    DB.Open "Provider = microsoft.jet.oledb.3.51;data source=" &App.Path& "\ 学生数据库 .mdb"
End Sub
```

知识提炼

1）动态记录集中字段的使用方法。

RS.Fields(" 学号 ") = TxtNo.Text

RS.Fields(" 姓名 ") = TxtName.Text

2）动态记录集可以是一个数据表，也可以是一个 SELECT 多表查询结果。若想在数据网格中显示 SELECT 的多表查询结果，可以通过设置 DataGrid 数据表格控件的数据源为 RS。

例如：

```
Dim sql As String
sql = "SELECT   选课信息 . 课程号 , 课程表 . 课程名 , 选课信息 . 成绩  FROM  选课信息 , 课程表
WHERE   课程表 . 课程号 = 选课信息 . 课程号  AND  学号 =' " & TxtNo & " ' "
Set  RS = New ADODB.Recordset
RS.Open sql, DB, adOpenKeyset, adLockOptimistic
Set DataGrid1.DataSource = RS
```

3）Visual Basic 中常用的字符串函数。

①Len(字符串) 函数。

求字符串长度的函数。

例如，Len("computer")，其值为 8。

②Mid(字符串 ,n,m) 函数。

求字符串中第 n 个字符开始往后的 m 个字符。

例如，Mid("computer",4,3)，其值为 "put"。

③Left（字符串，n）函数。

求字符串中最左边的 n 个字符。

例如，Left("computer",3)，其值为 "com"。

例如，将列表框中选定的表项字符串的最左边的 3 个字符（课程号）写入记录集的当前记录中。

RS.Fields(" 课程号 ") = Left(List1.List(i), 3)

④Right（字符串，n）函数。

求字符串中最右边的 n 个字符。

例如，Right("computer",3)，其值为 "ter"。

⑤LTrim（字符串）、RTrim（字符串）与 Trim（字符串）函数。

LTrim（字符串）是去掉字符串的前导空格。

RTrim（字符串）是去掉字符串的尾随空格。

Trim（字符串）是去掉字符串的前导空格和尾随空格。

日积月累

标准模块文件（.bas）的作用与引用

标准模块的概念是 Visual Basic 中重要的概念，它主要为整个工程中不

同窗体放置工程级或模块级的共同变量、函数和过程。在一个程序中可定义程序段局部变量，在窗体中可定义窗体级共同变量，如果定义工程级共同变量则需在模块中进行定义。标准模块中定义的变量、函数和过程，不但应用方便，而且是数据传输的有效工具和手段。标准模块可以在"工程项目"上单击鼠标右键，在弹出的快捷菜单中执行"添加"→"模块"命令而完成模块的添加。

日积月累

一个工程中不同窗体里对象的说明

要在一个工程不同的地方指明某一控件对象的属性，需要首先指明其所在窗体，然后进行属性赋值。即，窗体名.对象名.属性＝值。

例如，Form1.Command1.Enabled = 1。

作用是对窗体 Form1 中的按钮控件 Command1 的可用属性 Enabled 进行赋值。

模块小结

在学校的教务管理中，学生信息管理是必不可少的部分，模块 8 已经介绍了学生信息管理系统中的浏览功能模块和统计功能模块的设计，并且介绍了通过数据控件访问数据库的方法。本模块又详细介绍了其他 4 个主要功能模块的设计，包含登录功能模块、查询功能模块、信息的添加、删除与修改功能模块以及学生选课功能模块。通过这 4 个任务的设计过程，详细讲解了 ADO 编程的基本技术和程序设计方法。通过本模块的学习和实践，读者能够很好地掌握数据库编程技术，只要举一反三，加强实践，就能够开发出更多更实用的数据库应用程序。通过本模块的学习，读者也能够积累一些数据库应用系统的开发经验，为日后的基于 Visual Basic 的管理系统开发奠定基础。

实战强化

1）参考模块 9 任务 2 中的学生信息查询程序，设计课程信息查询和选课信息查询程序。

2）参考模块 9 任务 3 中学生信息的添加、删除和修改程序，设计课程信息的增删改程序和选课信息的增删改程序。

模块 9 数据库编程

187

模块 10　界面设计

Visual Basic 特点

用户界面是应用程序的一个非常重要的组成部分，它主要负责用户与应用程序之间的交互。Visual Basic 提供了大量的用户界面设计工具和技术，如菜单、通用对话框、控件、工具栏、多重窗体和多文档应用程序等，利用这些技术可以很方便地设计出友好的用户界面。

工作领域

通常，一个应用程序包含一系列功能模块。在实际工作中，用户需要通过选择应用程序的功能模块完成相应的工作任务，所以程序设计任务不仅包括控制和管理这些程序模块，而且包括必须为用户提供一个方便、直观的操作界面。人机交互界面是用户使用应用程序的窗口，在工作和学习中随处可见。因此，学习和掌握界面设计方法和技术，对开发各领域的应用程序有着重要的意义。

技能目标

通过本模块内容的学习和实践，希望读者能够熟练掌握目前绝大多数窗口应用程序使用的用户界面——菜单界面，掌握菜单界面设计技术和设计的原则，为将来开发灵活、方便的多功能应用程序奠定良好的基础。

任务 1　弹出式菜单的界面

利用 Visual Basic 提供的菜单编辑器设计弹出式菜单的界面，完成由弹出式菜单控制的一个简单文本编辑器。

任务情境

弹出式菜单是一种小型的菜单，它是独立于窗体菜单栏而显示在窗体内的浮动菜单。弹出式菜单能以灵活的方式为用户提供更加便利的操作，它可以根据用户单击鼠标右键时的位置，动态地调整菜单项的显示位置。因此，弹出式菜单也称为上下文菜单或快捷菜单。弹出式菜单广泛使用在 Windows 界面中，几乎在每一个对象上单击鼠标右键都可以显示一个弹出式菜单。

图 10-1 是由弹出式菜单控制的一个简单文本编辑器的执行界面。程序运行时，在窗体内任意位置单击鼠标右键，即可显示弹出式菜单，然后利用菜单选项对文本框中的文字进行设置。

图 10-1 弹出式菜单控制文本编辑器的执行界面

任务分析

本任务中涉及的主要问题和解决方法如下。

1）在主窗体中添加一个文本框控件。

2）利用菜单编辑器设计弹出式菜单。

3）设置文本框控件和弹出式菜单的属性。

4）编写弹出式菜单操作的相应代码。

任务实施

1）新建一个工程文件。

2）在主窗体中添加一个文本框控件 TextBox，执行结果如图 10-2 所示。

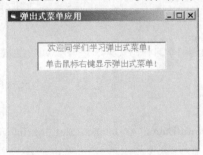

图 10-2 弹出式菜单应用界面

3）在属性窗口中设置相应控件的属性，见表 10-1。

表 10-1 属性窗口中的各控件属性设置

控 件 名		属 性 名 称	属 性 值
窗体	Form	名称	Form1
		Caption	弹出式菜单应用
文本框	TextBox	名称	Text1
		Alignment	2-center
		Locked	False
		Multiline	True
		Text	空

4）执行"工具"→"菜单编辑器"命令，进入"菜单编辑器"对话框，完成如图 10-3 所示的菜单选项。

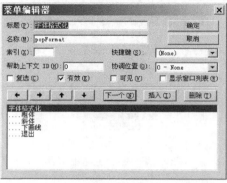

图 10-3　弹出式菜单的编辑界面

5）在属性窗口中设置弹出菜单项的属性，见表 10-2。

表 10-2　菜单项属性的设置

标　题	名　称	内缩符号	可见性
字体格式化	popFormat	无	False
粗体	popBold	1	True
斜体	popItalic	1	True
下画线	popUnder	1	True
关闭	popQuit	1	True

6）进入代码设计窗口，在相应的 Sub 块中编写如下代码。

```
Private Sub Form_Load()                                    '文本框的初始化设置
    Text1.Alignment = 2
    Text1.ForeColor = vbRed
    Text1.Text = "欢迎同学们学习弹出式菜单！" & vbCrLf & vbCrLf & "单击鼠标右键显示弹
出式菜单！"
                                                'vbCrLf 为回车换行
End Sub

Private Sub Form_MouseDown(Button As Integer, Shift As Integer, X As Single, Y As Single)
    If Button = 2 Then                          '单击鼠标右键
        PopupMenu popFormat                     '显示弹出式菜单
    End If
End Sub

Private Sub popBold_Click()                      '设置文字粗体
    Text1.FontBold = True
End Sub

Private Sub popItalic_Click()                    '设置文字斜体
    Text1.FontItalic = True
End Sub

Private Sub popUnder_Click()                     '设置文字下画线
```

```
            Text1.FontUnderline = True
        End Sub

        Private Sub popQuit_Click()                          '关闭界面
            End
        End Sub
```

7）运行程序。

知识提炼

菜单的基本作用

1）提供了人机交互界面，方便用户选择应用程序的各种功能。

2）管理应用系统，控制各种功能模块的高效运行。

菜单的基本类型

菜单一般分为下拉式菜单和弹出式菜单。下拉式菜单是一种典型的窗口式菜单，一般有一个主菜单，其中包含若干个选择项，本模块任务 2 将详细分析。弹出式菜单是一种灵活、方便的小型菜单，又称为快捷菜单，通常在窗体（窗口）的某个区域（对象）单击鼠标右键打开，弹出式菜单不会固定到窗体。显示位置取决于单击右键时鼠标指针的位置。弹出式菜单使用非常方便，且具有较大的灵活性。

菜单编辑器

1. 菜单编辑器的启动

创建下拉式菜单和弹出式菜单时，可以通过 4 种方式进入菜单编辑器。

1）执行"工具"→"菜单编辑器"命令。

2）单击工具栏中的"菜单编辑器"按钮 📋 。

3）在窗体上单击鼠标右键，在弹出的快捷菜单中，选择"菜单编辑器"命令。

4）使用 <Ctrl+E> 组合键。

2. 菜单编辑器的组成

"菜单编辑器"对话框可分为上、中、下 3 部分，分别为属性设置区、菜单编辑区和菜单项显示区（或称菜单项列表区），如图 10-4 所示。

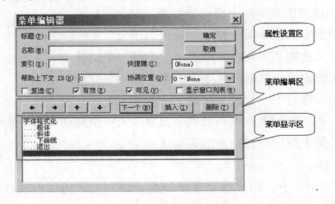

图 10-4 "菜单编辑器"对话框

1）属性设置区。

菜单编辑器的上面部分，用来设置菜单属性，主要包含以下属性。

标题：菜单的名字，即程序运行时显示在菜单上的说明文字，相当于普通控件的"Caption"属性。如果在该文本框中输入一个减号（"–"），则可以在菜单中加入一条分隔线。如果在一个字母前插入"&"符号，则给菜单项定义一个快捷键。

名称：指菜单项的控件名称，它是菜单项在程序中的标识（主要供计算机识别控件）。

索引：当菜单项是控件数组的一个元素时，索引用于该元素的下标。

快捷键：用于为菜单项设定一个键盘快捷键，可通过单击其右侧的下拉按钮，在弹出的下拉列表中选择系统提供的、可用的快捷键组合。

帮助上下文 ID：允许为 contextID 指定唯一数值。在 HelpFile 属性指定的帮助文件中用该数值查找适当的帮助主题。

协调位置：用来确定菜单或菜单项是否出现或在什么位置出现。单击右端的下拉按钮，将显示一个下拉列表。该列表的选项如下。

0-None：菜单项不显示。

1-Left：菜单项靠左显示。

2-Middle：菜单项居中显示。

3-Right：菜单项靠右显示。

复选：表明某个菜单项当前是否处于活动状态。若选择该项，则在相应的菜单项旁边加上一个复选标记"√"。

有效：决定菜单项是否响应事件。

可见：决定菜单项是否可见。一个不可见的菜单项是不能执行的。

显示窗口列表：在 MDI（多文档界面）应用程序中，确定菜单控件是否包含一个打开的 MDI 主窗体列表。

2）菜单编辑区。

菜单编辑器的中间部分，共有 7 个按钮，用来对输入的菜单项进行简单的编辑，各按钮的功能如下。

◆ 按钮：使选定的菜单项上移一个等级。

➡ 按钮：使选定的菜单项下移一个等级。

⬆ 按钮：使选定的菜单项在同级菜单中上移一个位置。

⬇ 按钮：使选定的菜单项在同级菜单中下移一个位置。

"下一个"按钮：选定下一行的菜单项。

"插入"按钮：在菜单列表框中当前项的上方插入一个新选项，用来编辑新的菜单项。

"删除"按钮：用于删除当前选定的菜单项。

3）菜单项显示区。

菜单编辑器的下半部分，用来显示菜单项的分级列表，提供给设计者对菜单的整体效果有一个直观的认识。子菜单项的缩进状态表示它们在菜单层次结构中的位置或级别。

在实际运用中，并不是上面每个选项都会用到，除了"标题""名称"为必选项外，剩下的都为可选项。

菜单的典型属性及事件

1）内缩属性。

表示菜单项所在的层级。内缩符号由 4 个点组成，1 个内缩符号（4 个点）表示一层，2 个内缩符号（8 个点）表示二层，最多设置 5 个内缩符号（20 个点）。若无内缩符号，表示第一层菜单（主菜单）。

2）Click 事件。

与菜单项相关联的 Click 事件是菜单的常用事件，用于定义在选择该菜单时会触发的操作，菜单或菜单项有且只有 Click 事件。菜单设计完成后，在 Visual Basic 窗体中，单击已经定义好的菜单项即可进入 Click 事件过程的代码窗口，可以编写代码。

弹出式菜单的创建

创建弹出式菜单通常分为两步进行。

1）用菜单编辑器建立弹出式菜单。

2）用 PopupMenu 方法弹出显示菜单项。

PopupMenu 方法的语法为：

[对象 .]PopupMenu ＜菜单名＞[,flags [,x [,y [,BoldCommand]]]]

说明：

1）Object（对象）。即窗体名，省略该项将打开当前窗体的菜单。

2）Menuname（菜单名）。是指通过菜单编辑器设计的主菜单（至少有一个子菜单项）的名称。

3）Flags。该参数是一个数值或符号常量，指定弹出式菜单的位置和行为，其取值分为两组，一组用来指定菜单位置，见表 10-3；另一组用来定义特殊的菜单行为，见表 10-4。

表 10-3 指定菜单位置

定位常量	值	作　用
VbPopupMenuLeftAlign	0	X 坐标指定弹出式菜单的左边界位置
VbPopupMenuCenterAlign	4	X 坐标指定弹出式菜单的中间位置
VbPopupMenuRightAlign	8	X 坐标指定弹出式菜单的右边界位置

表 10-4 定义特殊的菜单行为

定位常量	值	作　用
VbPopupMenuLeftButton	0	通过单击鼠标左键选择菜单命令
VbPopupMenuRightButton	8	通过单击鼠标右键选择菜单命令

4）X 和 Y。用来指定弹出式菜单显示位置的横坐标（X）和纵坐标（Y）。如果省略，则弹出式菜单在鼠标光标的当前位置显示。

5）BoldCommand。指定在显示的弹出式菜单中将以粗体字体出现的菜单项的名称。在弹出式菜单中只能有一个菜单项被加粗。

> **注意**　为了显示弹出式菜单，通常把 PopupMenu 方法放在 MouseDown 事件中，该事件响应所有的鼠标单击操作。一般通过单击鼠标右键显示弹出式菜单，这可以用 Button 参数来实现。对于两个键的鼠标来说，左键的 Button 参数值为 1，右键的 Button 参数值为 2。因此，可以强制使用右键来响应 MouseDown 事件而显示弹出式菜单，相关的语法如下。
>
> If Button=2 Then PopupMenu 菜单名

任务2　下拉式菜单的界面

利用 Visual Basic 提供的菜单编辑器设计下拉式菜单的执行界面；利用 CommonDialog 控件打开通用对话框，在一个文本编辑器内执行一组标准的操作，如文件的"打开"与"保存"，文字的"复制""剪切""粘贴""查找"与"替换"，以及"字体"与"颜色"的设置等操作；利用 Shell 函数调用 Windows 操作系统应用程序，如"画图"和"游戏"等。

任务情境

下拉式菜单是一种典型的、直观的用户界面设计工具。具体表现为当用户选中一个主菜单选项后，该选项会向下延伸出具有其他选项的另一个子菜单。下拉式菜单通常应用于把一些具有相同分类的功能放在同一个下拉式菜单选项中，并把这个下拉式选项置于主菜单的一个子菜单下，用户可以很方便地访问这些菜单（子菜单）、使用应用程序的不同功能、触发不同的操作，所以菜单结构是设计应用程序界面的基础。

文本编辑器（或称文字编辑器）是 Windows 操作系统中最常用的一种应用程序，它常用来编写程序的源代码。图 10-5 是由下拉式菜单控制的一个简单文本编辑器的执行界面。程序运行时，在窗体的标题栏下显示主菜单项，主菜单项又包含下级菜单项。图 10-5 分别给出了 4 个主菜单项的下拉菜单项，用户可通过选择菜单项完成相应的操作。选择"关于"命令后，显示如何利用下拉式菜单实现文本编辑器的操作及其提供的相关功能，在说明区域单击鼠标返回。

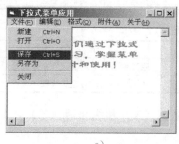
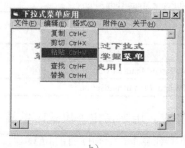

a)　　　　　　　　　　　　　　b)

图 10-5　下拉式菜单调用相应控件的执行界面
a)"文件"主菜单　b)"编辑"主菜单

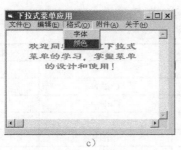 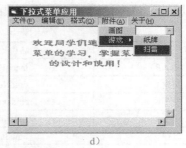

　　　c)　　　　　　　　　　　　　　　　　　d)

图 10-5　下拉式菜单调用相应控件的执行界面（续）

c）"格式"主菜单　d）"附件"主菜单

任务分析

本任务中涉及的主要问题和解决方法如下。

1）利用菜单编辑器设计下拉式菜单。

2）利用 CommonDialog 控件打开通用对话框，执行一组标准的操作对话框，如"打开"和"保存"文件，文字的"复制""剪切""粘贴""查找"与"替换"，以及"字体"与"颜色"的设置等操作。

3）利用 Shell 函数调用 Windows 操作系统应用程序，如"画图"和"游戏"等应用程序。

4）设置一个全局变量 str 用于存放"选定"的文本。因为要在两个子过程（Sub 块）中完成"复制"和"粘贴"操作，或者"剪切"和"粘贴"操作，所以需要一个全局变量存放"选定"的文本。

5）利用 Text1.SelLength 属性存储选定文本的长度，如果为 0，说明未选定文本，则"复制"和"剪切"选项菜单不可用，否则可用。也可以利用剪贴板（Clipboard）的 SetText 属性实现文字的"粘贴"等操作。

6）编写下拉式菜单选项操作的相应代码。

任务实施

1）新建一个工程文件。

2）在主窗体中，执行"工具"→"菜单编辑器"命令，进入"菜单编辑器"对话框，完成如图 10-6 所示的菜单选项。

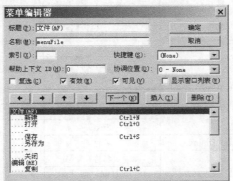

图 10-6　"下拉式菜单"的编辑界面

3）在属性窗口中设置下拉式菜单项的属性，见表 10-5。

表 10-5　各菜单项属性的设置

标　题	名　称	快捷键	内缩符号
文件（&F）	menuFile		无
新建	cmdNew	Ctrl+N	1
打开	cmdOpen	Ctrl+O	1
—	Underline1		1
保存	cmdSave	Ctrl+S	1
另存为	cmdSaveas		1
—	Underline2		1
关闭	cmdQuit		1
编辑（&E）	menuEdit		无
复制	cmdCopy	Ctrl+C	1
剪切	cmdCut	Ctrl+X	1
粘贴	cmdPaste	Ctrl+V	1
—	Underline3		1
查找	cmdSearch	Ctrl+F	1
替换	cmdDisplace	Ctrl+H	1
格式（&O）	menuFormate		无
字体	cmdFont		1
颜色	cmdColor		1
附件（&A）	menuAttachment		无
画图	Mspaint		1
游戏	Games		1
纸牌	Sol		2
扫雷	Winmine		2
关于（&H）	menuAbout		无

4）在窗体上添加一个文本框控件 TextBox、一个标签控件 Label 和一个通用对话框控件 CommonDialog（执行"工程"→"部件"命令，选择"部件"选项卡，把"Microsoft CommonDialog Control 6.0"选项的钩打上，单击"确定"按钮，此时在工具箱上出现了"CommonDialog"控件），在属性窗口中设置各控件的属性，见表 10-6。

表 10-6　属性窗口中各控件的属性设置

	控 件 名	属性名称	属 性 值
窗体	Form	名称	Form1
		Caption	下拉式菜单应用
文本框	TextBox	名称	Text1
		Alignment	2-center
		Multiline	True
		ScrollBars	3-Both
		Locked	False
		Text	空
通用对话框	CommonDialog	名称	CommonDialog1
标签	Label	名称	Label1
		Caption	空
		Alignment	2-center

5）进入代码设计窗口，在相应的 Sub 块中编写如下代码。

```
    Dim str As String

    Private Sub Form_Load()                      '文本框的初始化设置
        Text1.Alignment = 2
        Text1.ForeColor = vbRed
        Text1.FontBold = True
        Text1.Text = vbCrLf & "欢迎同学们通过下拉式" & vbCrLf & "菜单的学习，掌握菜单" &
vbCrLf & "的设计和使用！"
                                                 'vbCrLf 为回车换行
        Clipboard.Clear                          '清空剪贴板，Clipboard 表示剪贴板对象
    End Sub

    Private Sub cmdNew_Click()                   '新建文件
        Text1.Text = " "
    End Sub

    Private Sub cmdOpen_Click()                  '打开文件
        Dim inputdata As String
        CommonDialog1.CancelError = True
        On Error GoTo nofile
        CommonDialog1.Filter = " 文本文件 |*.txt"          '文件类型过滤，只打开 txt 文件
        CommonDialog1.ShowOpen
        Text1.Text = ""                                  '清除文本框内容
        Open CommonDialog1.FileName For Input As #1      '打开文件进行读操作
        Do While Not EOF(1)
            Line Input #1, inputdata                     '读一行数据
            Text1.Text = Text1.Text & inputdata & vbCrLf 'vbCrLf 为回车换行
        Loop
        Close #1                                         '关闭文件
        Exit Sub
    nofile:                                              '没有打开文件的错误提示
        If Err.Number = 32755 Then
            MsgBox "您单击了"取消"按钮！"
        Else
            MsgBox "其他错误！"
        End If
    End Sub

    Private Sub cmdSave_Click()                  '保存
        On Error Resume Next                     '启用或禁用错误处理程序
        If CommonDialog1.FileName = " "    Then
            cmdSaveas_Click
        Else
            Open CommonDialog1.FileName For Output As #1
            Print #1, Text1.Text
        End If
        Close #1
    End Sub

    Private Sub cmdSaveas_Click()                '另存为
```

```vb
        On Error Resume Next                        '启用或禁用错误处理程序
        CommonDialog1.Filter = " 文本文件 |*.txt"            '限定文件保存类型
        CommonDialog1.ShowSave
        Open CommonDialog1.FileName For Output As #1
        Print #1, Text1.Text
        Close #1
End Sub


Private Sub cmdQuit_Click()                    '关闭界面
    End
End Sub


Private Sub Edit_Click()
        If Text1.SelLength > 0 Then                '如果选定文本，则 " 复制 " 和 " 剪切 " 菜单可用
            cmdCopy.Enabled = True
            cmdCut.Enabled = True
            cmdPaste.Enabled = False
        Else                                        '如果未选定文本，则 " 复制 " 和 " 剪切 " 菜单不可用
            cmdCopy.Enabled = False
            cmdCut.Enabled = False
            cmdPaste.Enabled = True
        End If
End Sub


Private Sub cmdCopy_Click()            '复制
    str = Text1.SelText                '将选中的文本放入 str 变量中
End Sub


Private Sub cmdCut_Click()            '剪切
    str = Text1.SelText                '将选中的文本放入 str 变量中
    Text1.SelText = ""                '将选中的文本清除，实现了剪切
End Sub


Private Sub cmdPaste_Click()            '粘贴
    Text1.SelText = str                '将 str 变量中的内容插入到光标所在的位置，实现了粘贴
End Sub


Private Sub cmdSearch_Click()            '查找
    Dim i As String
    Dim search As String
    Dim fn As String
    Clipboard.SetText Text1.SelText        '剪贴板中存放选中的文本内容
    search = InputBox(" 请输入查找内容：", " 查找 ")
    i = InStr(Text1.Text, search)            'i 中存放第一次找到字符串的位置
    If i = 0 Then
        fn = " 输入的字符串 "" & search & """ 不存在！ "
        MsgBox fn
    Else
        Text1.SelStart = i - 1            '减 1 是因为文本框中第一个字符的位置为 0
        Text1.SelLength = Len(search)        '执行后将反白显示
    End If
```

```
        End Sub

        Private Sub cmdDisplace_Click()                '替换
            Dim change As String
            change = InputBox(" 请输入替换内容：", " 替换 ")
            If change <> " " Then
                Text1.SelText = change                 '替换 Text1.SelText 选中的内容
            End If
        End Sub

        Private Sub cmdFont_Click()                    '字体
            On Error Resume Next                       '启用或禁用错误处理程序
            CommonDialog1.Flags = 1
            CommonDialog1.ShowFont
            Text1.FontName = CommonDialog1.FontName
            Text1.FontSize = CommonDialog1.FontSize
            Text1.FontBold = CommonDialog1.FontBold
            Text1.FontItalic = CommonDialog1.FontItalic
            Text1.FontUnderline = CommonDialog1.FontUnderline
            Text1.FontStrikethru = CommonDialog1.FontStrikethru
        End Sub

        Private Sub cmdColor_Click()                   '颜色
            On Error Resume Next                       '启用或禁用错误处理程序
            CommonDialog1.ShowColor
            Text1.ForeColor = CommonDialog1.Color
        End Sub

        Private Sub Mspaint_Click()                    '画图
        Shell ("c:\windows\system32\mspaint.exe"), vbNormalFocus
                                   '设置画图文件的存放位置，根据自己计算机的安装情况
                                    选取相应文件的存储路径。

        End Sub

        Private Sub Sol_Click()                        '纸牌
            Shell ("c:\windows\system32\sol.exe"),  vbNormalFocus
        End Sub

        Private Sub Winmine_Click()                    '扫雷
            Shell ("c:\windows\system32\winmine.exe"), vbNormalFocus
        End Sub

        Private Sub About_Click()                      '关于
            Text1.Visible = False
            Label1.Visible = True
            Label1.Caption = vbCrLf & " 这是一个利用下拉式菜单实现的 " & vbCrLf & " 综合性应用程序！ "
    & vbCrLf & vbCrLf & " 可以完成简单的文本编辑器功能， " & vbCrLf & " 包括文件的建立、打开和保存，
    " & vbCrLf & " 文本的复制、剪切、粘贴、查找和替换， " & vbCrLf & " 以及文本内容的格式化处理。 "
    & vbCrLf & vbCrLf & " 此外，还可以实现外部应用程序调用， " & vbCrLf & " 如"画图""游戏"等。 "
            Label1.FontBold = True
            Label1.FontSize = 10
```

```
        Label1.ForeColor = vbRed
    End Sub

    Private Sub Label1_Click()                    'TextBox 和 Label 控件的切换
        Text1.Visible = True
        Label1.Visible = False
    End Sub
```

6）运行程序。

知识提炼

下拉式菜单的创建

下拉式菜单是一种典型的窗口式菜单，一般有一个主菜单，主菜单的每一项又可"下拉"出下一级菜单，这样逐级下拉，用一个窗口的形式弹出在屏幕上，操作完后消失，如图 10-7 所示。

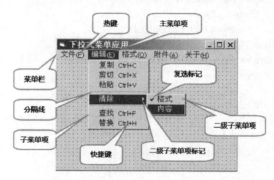

图 10-7　下拉式菜单的显示形式

（1）建立主菜单

在窗体上建立"文件"和"编辑"两个主菜单项，其具体操作步骤如下。

1）新建工程，然后执行"工具"→"菜单编辑器"命令，打开"菜单编辑器"对话框。

2）在"菜单编辑器"对话框的"标题"文本框中输入"文件"，然后在"名称"文本框中输入"menuFile"，如图 10-8 所示。

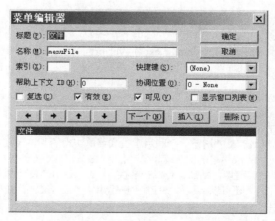

图 10-8　创建"文件"主菜单

3）在"菜单编辑器"对话框的编辑区中单击"下一个"按钮，然后按照步骤2）的方法建立第2个主菜单"编辑"，如图10-9所示。

图10-9　创建"编辑"主菜单

4）按照上述方法建立其他主菜单。

（2）建立子菜单

在主菜单下建立子菜单，如在"文件"菜单项下建立"新建""打开""保存"等子菜单，其具体操作步骤如下。

1）在"菜单编辑器"对话框的"菜单项显示区"选中"编辑"菜单项，单击"插入"按钮，在"文件"和"编辑"菜单项中间插入一个空行，然后按照创建主菜单的方法在"标题"文本框内输入"新建"，在"名称"文本框中输入"cmdNew"，如图10-10所示。

2）用鼠标单击"编辑区"中的 ➡ 按钮，此时在"菜单项显示区"中的"新建"菜单项前加入了4个点，表示它是从属于"文件"菜单项的子菜单项，如图10-11所示。

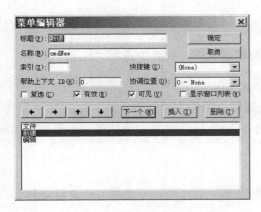

图10-10　创建"编辑"主菜单

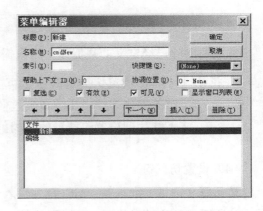

图10-11　将"新建"设置为子菜单

> **注意** 　4个点表示一个内缩符号，为第一级子菜单，如果单击 ➡ 按钮两次，则该菜单前就会出现8个点（两个内缩符号），表示第二级子菜单，以此类推。

模块10　界面设计

3）按照上述方法建立其他子菜单。

（3）设置快捷键

快捷键是系统提供的可通过键盘控制菜单打开的组合键。快捷键按下时会立刻运行一个菜单项，它提供一种键盘单步的访问方法而不是按住 <Alt> 键再按菜单标题访问字符，最后再按菜单项访问字符的 3 步方法。快捷键的赋值包括功能键与控制键的组合，如 <Ctrl+N> 组合键或 <Ctrl+O> 组合键。

下面对子菜单"新建""打开""保存"等设置快捷键，其步骤如下。

在"菜单编辑器"对话框中选中子菜单"新建"，然后单击"快捷键"右侧的下拉列表按钮，在弹出的下拉列表中显示了可供选择的快捷键组合，如图 10-12 所示。此时在下拉列表中选择 <Ctrl+N> 组合键作为"新建"的快捷键，选中后，该组合键将自动出现在菜单编辑器的菜单项显示区中。

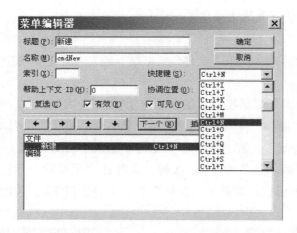

图 10-12　为"新建"子菜单设置快捷键

如果要删除已经定义的快捷键，则只需在"快捷键"下拉列表中选择"None"即可。

> **注意**　　在设置快捷键时应尽可能按照 Windows 操作系统的习惯设置，符合平时的操作习惯。不要设置过多的快捷键，因为快捷键过多，难以记忆，反而不能达到设置快捷键的目的。

（4）设置访问键

访问键（热键）允许按 <Alt> 键并输入一个指定字符来打开一个菜单。一旦菜单打开，通过按所赋值的字符（热键）可选取控件。例如，按 <Alt+F> 组合键可打开"文件"主菜单。在菜单控件的标题中，一个指定的访问键表现为一个带下画线的字母。

下面对"文件""编辑"等主菜单设置访问键，其具体操作步骤如下。

在"菜单编辑器"对话框选中"文件"主菜单，然后在其"标题"文本框中，在作为访问键的字母"F"前输入"&"字符，如图 10-13 所示。

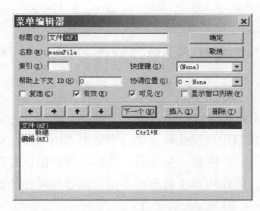

图 10-13　为"文件"菜单设置热键

> **注意**
>
> 1）在同一个下拉式菜单中不能使用重复的访问键。
> 2）如果多个菜单项使用同一个访问键，则该键将不起作用。
> 3）不同的下拉式菜单中的访问键可以相同。

（5）添加分隔线

分隔线作为菜单项间的一个水平线显示在菜单上。在菜单项较多的菜单上，可以使用分隔线将各项划分成一些逻辑组。

下面通过在"文件"主菜单下，"打开"与"保存"菜单项之间添加分隔线为例，来介绍添加分隔线的具体操作步骤。

1）在"菜单编辑器"对话框选中"保存"子菜单，然后单击"编辑区"中的"插入"按钮，此时在"保存"子菜单的上面添加了一个空行，并自动插入了一个内缩符号。

2）在"标题"文本框中输入一个连字符"-"，并在"名称"文本框中输入名称"Underline1"，如图 10-14 所示。

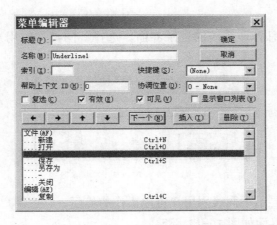

图 10-14　在"打开"与"保存"菜单项之间添加分隔线

特殊语句的说明

1）On Error GoTo Nofile 语句。

当程序执行过程中发生错误时，转入错误提示语句执行，如下语句：

> Nofile：
>
> 　　跳转执行语句

2）On Error Resume Next 语句。

该语句的作用是启用或禁用错误处理程序。当加上该语句后，如果后面的程序出现"运行时错误"，则会继续运行，不中断。从该语句开始，遇到错误时程序不会中止，也不会出现错误提示，将继续运行，其作用范围直至程序结束或语句所在函数结束。

> **注意** 这些语句主要在调试程序时使用，当程序在执行过程中遇到问题时，系统会提供给用户一个友好的界面或操作。

任务3　学生信息管理系统界面

以模块 9 创建的学生数据库为基础，利用下拉式菜单设计并开发了一个综合的学生信息管理系统，并通过该系统来管理和维护学生的基本信息、课程信息和学生选课信息。

任务情境

学生信息管理系统是一个提供快速、简单规范的交互式管理平台。该系统提供了 3 类用户，即学生、教师和管理员。学生用户的权限较低，只能浏览和查询学生的基本信息，不具有管理权限；教师用户的权限较高，除了浏览和查询学生的基本信息外，还可以添加、删除和修改学生的基本信息；管理员作为系统的超级用户可以管理和维护所有用户的权限及其相关信息。

图 10-15 是学生信息管理系统的登录界面。选择不同类型的用户登录，可以完成不同的功能。

图 10-15　学生信息管理系统的登录界面

用户登录成功后，显示不同级别用户可以操作的界面。学生用户的执行界面如图 10-16 所示，教师用户的执行界面如图 10-17 所示。

图 10-16 学生用户的执行界面

图 10-17 教师用户的执行界面

任务分析

本任务中涉及的主要问题和解决方法如下。

1）设计一个用户登录界面。

2）利用菜单编辑器设计学生信息管理系统的执行界面。

3）将模块 9 的各项任务整合到学生信息管理系统的对应菜单中。

4）编写相应的学生信息管理系统代码。

任务实施

1）调用模块 9 的任务 3，实现不同级别的用户登录，如图 10-15 所示。

2）利用本模块任务 2 的基本方法，在主窗体中，设计学生信息管理系统的基本框架，完成如图 10-18 所示的菜单选项。

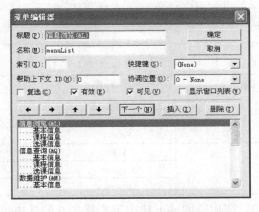

图 10-18 学生信息管理系统的菜单编辑界面

3）在属性窗口中设置下拉式菜单项的属性，见表 10-7。

4）在窗体上添加一个标签控件 Label，用于存放系统使用说明信息，并在属性窗口中设置各控件的属性，见表 10-8。

表 10-7　各菜单项属性的设置

标　题	名　称	内缩符号
信息浏览（&L）	menuList	无
基本信息	L_Basic	1
课程信息	L_Course	1
选课信息	L_SC	1
信息查询（&Q）	menuQuery	无
基本信息	Q_Basic	1
课程信息	Q_Course	1
选课信息	Q_SC	1
数据维护（&M）	menuManager	无
基本信息	M_Basic	1
添加信息	B_Add	2
删除信息	B_Delete	2
修改信息	B_Update	2
课程信息	M_Course	1
添加信息	C_Add	2
删除信息	C_Delete	2
修改信息	C_Update	2
选课信息	M_SC	1
添加信息	Sc_Add	2
删除信息	Sc_Delete	2
修改信息	Sc_Update	2
学生选课（&S）	Stu_SC	无
数据统计（&C）	Cal_Data	无
帮助信息（&H）	menuHelp	无
使用说明	cmdExplain	1
日志文件	cmdLog	1
计算器	cmdCalc	1
日历	cmdCale	1
退出系统（&Q）	menuQuit	无

表 10-8　属性窗口中的各控件属性设置

	控件名	属性名称	属性值
窗体	Form	名称	Form1
		Caption	学生信息管理系统
		Picture	background.jpg
标签	Label	名称	Label1
		Caption	空
		Alignment	2-center

5）进入代码设计窗口，在相应的 Sub 块中整合模块 9 的学生信息管理系统的各项任务，编写代码如下。

```
Private Sub Form_Load()
    Label1.Visible = False          '隐藏使用说明信息
    Login_Click                     '调用登录事件
```

```
    End Sub

    Private Sub L_Basic_Click()            '学生基本信息浏览
        L_Basic_Click                      '调用基本信息浏览事件
    End Sub

    Private Sub L_Course_Click()           '课程信息浏览
        L_Course_Click                     '调用课程信息浏览事件
    End Sub

    Private Sub L_SC_Click()               '选课信息浏览
        L_SC_Click                         '调用选课信息浏览事件
    End Sub

    Private Sub Q_Basic_Click()            '学生基本信息查询
        Q_Basic_Click                      '调用基本信息查询事件
    End Sub

    Private Sub Q_Course_Click()           '课程信息查询
        Q_Course_Click                     '调用课程信息查询事件
    End Sub

    Private Sub Q_SC_Click()               '选课信息查询
        Q_SC_Click                         '调用选课信息查询事件
    End Sub

    Private Sub B_Add_Click()              '学生基本信息添加
        B_Add_Click                        '调用基本信息添加事件
    End Sub

    Private Sub B_Delete_Click()           '学生基本信息删除
        B_Delete_Click                     '调用基本信息删除事件
    End Sub

    Private Sub B_Update_Click()           '学生基本信息修改
        B_Update_Click                     '调用基本信息修改事件
    End Sub

    Private Sub C_Add_Click()              '课程信息添加
        C_Add_Click                        '调用课程信息添加事件
    End Sub

    Private Sub C_Delete_Click()           '课程信息删除
        C_Delete_Click                     '调用课程信息删除事件
    End Sub

    Private Sub C_Update_Click()           '课程信息修改
        C_Update_Click                     '调用课程信息修改事件
    End Sub

    Private Sub Sc_Add_Click()             '选课信息添加
        Sc_Add_Click                       '调用选课信息添加事件
```

```
    End Sub

    Private Sub Sc_Delete_Click()              '选课信息删除
        Sc_Delete_Click                        '调用选课信息删除事件
    End Sub

    Private Sub Sc_Update_Click()              '选课信息修改
        Sc_Update_Click                        '调用选课信息修改事件
    End Sub

    Private Sub Stu_SC_Click()                 '学生选课
        Stu_SC_Click                           '调用学生选课事件
    End Sub

    Private Sub Cal_Data_Click()               '数据统计
        Cal_Data_Click                         '调用数据统计事件
    End Sub

    Private Sub cmdExplain_Click()
        Label1.Visible = True
        Label1.Caption = vbCrLf & "学生信息管理系统是一个利用下" & vbCrLf & "拉式菜单实现
的综合性应用程序！" & vbCrLf & vbCrLf & "它可以实现学生基本信息的浏览功能，" & vbCrLf &
"学生基本信息的查询功能，" & vbCrLf & "以及针对不同用户实现系统的管理和维护。" & vbCrLf &
vbCrLf & "此外，学生还可以对该系统实现二次开发，" & vbCrLf & "完善和增加系统的一些常用的
功能等。"
        Label1.FontBold = True
        Label1.FontSize = 10
        Label1.ForeColor = vbRed
    End Sub

    Private Sub cmdLog_Click()                 '日志文件
        cmdLog_Click                           '调用日志文件事件
    End Sub

    Private Sub cmdCalc_Click()                '计算器
        cmdCalc_Click                          '调用计算器事件
    End Sub

    Private Sub cmdCale_Click()                '日历
        cmdCale_Click                          '调用日历事件
    End Sub

    Private Sub menuQuit_Click()               '退出系统
        End
    End Sub
```

6）运行程序。

知识提炼

用户角色的划分（窗体的划分）

本系统采用二级用户管理，即管理员和学生。用户的角色不同，表示其享有的权限不同，

实现的功能自然也不同，也就是说其调用的程序执行界面（窗体界面）是不一样的。

下列代码表示用户以不同的身份登录后，程序将跳转到不同的界面（窗体），其实现的关键代码如下。

```
    If  Trim(RS(" 用户名称 ")) = txtUserName.Text  And  Trim(RS(" 用户密码 ")) = txtPassword.Text
And  Trim(RS(" 用户权限 ")) = CmbUserType.Text        ' 验证合法用户
    Then
      Select Case  Trim(RS(" 用户权限 "))
          Case " 管理员 "
              manager.Show
              Unload  frmLogin
          Case " 学生 "
              student.Show
              Unload  frmLogin
      End Select
```

多窗体的应用

在实际应用中，单一窗体往往不能满足用户需求，必须通过多个窗体来实现，这就是多窗体。在多窗体中，每个窗体实现自己的功能，多个窗体之间可以相互访问和切换。在 Visual Basic 中，提供了一些语句和方法来加载（Load）、卸载（Unload）、显示（Hide）、隐藏（Show）窗体，以实现多个窗体之间的切换。

例如，在用户登录的过程中，假设有 3 个窗体（manager、student 和 frmLogin），当用户信息通过验证成功后，转入对应身份的"学生信息管理系统"执行界面，原登录窗体消失，被调用的窗体显示。其对应的属性窗体设置见表 10-9。各窗体间的切换如本任务中"知识提炼"中"用户角色的划分"对应的代码。

表 10-9   属性窗口中的各窗体属性设置

	对　象	属性名称	属性值	说　明
窗体	Form	名称	manager	管理员登录界面
		Caption	管理员执行界面	
	Form	名称	student	学生登录界面
		Caption	学生执行界面	
	Form	名称	frmLogin	系统登录主界面
		Caption	用户登录界面	

多窗体的操作

多窗体是指一个应用程序中有多个并列的普通窗体，而每个窗体又可以有自己的界面和程序代码，每个窗体分别完成不同的功能。

（1）添加窗体

执行"工程"→"添加窗体"命令，可以新建一个窗体，也可以将一个属于其他工程的窗体添加到当前工程中，实现多个工程共享此窗体。一个工程中的所有窗体不能重名。

（2）保存窗体

一个工程中若有多个窗体，则应分别取不同的文件名保存在硬盘上，通常需要下面两个步骤。

1）执行"文件"→"保存"或"另存为"命令，分别保存工程管理器窗口中列出的每个窗体或标准模块，窗体文件的扩展名为".frm"，标准模块文件的扩展名为".bas"。

2）执行"文件"→"保存工程"或"工程另存为"命令，将整个工程保存到硬盘上，扩展名为".vbp"。

（3）设置启动窗体

在单一窗体程序中，程序的执行没有其他选择，即只能从这个窗体开始执行。多窗体程序是由多个窗体构成的，所以需要指定从哪个窗体开始执行，即指定启动窗体。在默认情况下 Visual Basic 将设计时的第一个窗体作为启动窗体。设置过程如下。

执行"工程"→"工程 1 属性"命令，进入"工程属性"对话框，如图 10-19 所示，指定启动对象为"Form1"，单击"确定"按钮。

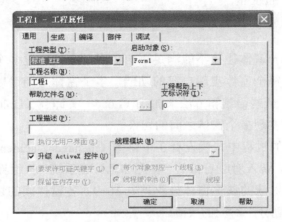

图 10-19　在"工程属性"对话框中指定启动窗体

（4）多窗体操作的语句和方法

在多窗体程序中，需要通过相应的语句和方法来实现打开、关闭、隐藏或显示指定的窗体。

1）Load 语句。

把一个窗体装入内存，但不显示窗体。语法为：

Load　窗体名称

2）Unload 语句。

清除内存中指定的窗体。语法为：

Unload　窗体名称

一种常见的用法是 Unload Me，表示关闭自身窗体，这里 Me 代表语句所在的窗体。

3）Show 方法。

显示一个窗体。语法为：

[窗体名称].Show　[模式]

如果不使用"窗体名称"参数，则显示当前窗体。参数"模式"用来确定窗体的状态，有两个取值，分别如下。

0-Modal：不用关闭该窗体就可以对其他窗体进行操作，默认设置。

1-Modeless：鼠标只在该窗体内有效，不能到其他窗体操作，只有关闭该窗体后才能对其他窗体进行操作。

该方法兼有装入和显示窗体两种功能，也就是说，在执行 Show 方法时，如果窗体不在内存中，则自动把窗体装入内存，然后再显示出来。

4）Hide 方法。

隐藏窗体，即不在屏幕上显示，但仍在内存中。语法为：

[窗体名称 .] Hide

如果不使用"窗体名称"参数，则隐藏当前窗体。

一次只允许打开一个文档，当打开一个新文档时，上一个打开的文档就被关闭，这样的界面称为单文档界面（SDI），例如，Windows 操作系统中的记事本、写字板、画图。在实际应用中经常需要同时打开多个文档，需要一个能同时处理多个窗体的应用程序，并且多个窗体可以有机地结合为一体，这样的界面就是多文档界面（MDI）。掌握多文档界面的设计是创建应用程序的重要环节，下面介绍 MDI 基础。

窗体类型

一个 MDI 应用程序，只能有一个 MDI 窗体，但可以有多个 MDI 子窗体。窗体包括普通窗体、MDI 窗体和 MDI 子窗体 3 类，在设计阶段，它们的图标略有不同，如图 10-20 所示。

如果将一个窗体的 MDIChild 属性设置为 True，则该窗体为子窗体，否则为普通窗体。

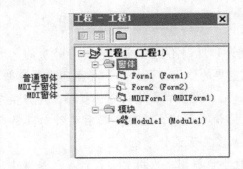

图 10-20　三种类型窗体的图标形态

MDI 的特性

1）MDI 窗体可以看成是一个"窗体容器"，在 MDI 窗体中只能添加具有 Align 属性的控件，如 PictureBox，或不可见控件，如 CommonDialog、Timer。

2）MDI 应用程序中的各个子窗体可以以不同的方式排列在父窗体中。

3）在多文档界面中，当父窗体打开时，子窗体随之调入内存；当父窗体关闭时，子窗体随之关闭；当父窗体最小化时，所有的子窗体也随之最小化，只剩父窗体的图标显示在 Windows 任务栏中；当子窗体最小化时，其图标显示在父窗体中。

MDI 的常用属性和方法

1）MDIChild 属性。

确定窗体是否为子窗体。有两个取值，True 为子窗体，False 为普通窗体。

2）WindowState 属性。

该属性用于 MDI 或子窗体，设置一个窗体窗口运行时的可见状态，有 3 个取值，分别如下。

0—Normal：被包围，即被别的窗体包围。

1—Minimized：最小化，窗体缩成一个图标。

2—Maximized：最大化，窗体充满屏幕。

例如，将下面代码写入 MDIForm1 的 Load 事件过程中，则父窗体装入后最大化显示。

MDIForm1.WindowState = 2

3）Arrange 方法。

确定 MDI 中子窗体或图标的排列方式，语法如下。

MDI 窗体 .Arrange　方式

其中，方式有 4 个取值，分别如下。

0—vbCascade：层叠排列。

1—vbTileHorizontal：水平平铺。

2—vbTileVertical：垂直平铺。

3—vbArrangeIcons：当子窗体被最小化为图标后，在父窗体底部重新排列这些图标。

日积月累

界面的设计原则

界面的设计和规划不仅影响到它本身外观的艺术性，而且对应用程序的可用性也有很重要的作用，设计用户界面通常要遵循下面的原则。

1）用户原则。人机界面设计首先要确立用户类型。划分类型可以从不同的角度、视实际情况而定。确定类型后要针对其特点预测它们对不同界面的反应。这就要从多方面设计分析。

2）信息最小量原则。人机界面设计要尽量减少用户记忆负担，采用有助于记忆的设计方案。

3）指导性原则。界面设计应通过任务提示和反馈信息来指导用户，帮助用户处理问题，做到"以用户为中心"。系统要设计有恢复出错现场的能力，在系统内部处理工作要有提示，尽量把主动权让给用户。

4）媒体最佳组合原则。多媒体界面的成功并不在于仅向用户提供丰富的媒体，而应在相关理论的指导下，注意处理好各种媒体间的关系，恰当选用。

5）一致性原则。即从任务、信息的表达、界面控制操作等方面与用户理解熟悉的模式尽量保持一致。

6）结构性原则。界面设计应是结构化的，以减少复杂度。例如，在窗体中拖放控件时，一般将主要控件放置在醒目的位置，将相关的控件进行分组，并放置在框架控件中，这样不仅可以强化各控件的联系，还可以得到良好的视觉效果。

7）经济性原则。界面设计要用最少的支持用户所必须的步骤来实现。

8）友好性原则。适当使用颜色和图像，可以增加视觉上的感染力和对应用程序视觉上的趣味。同时注重内容与形式要统一，比如，对于可编辑的文本框，如果设置成不带边框的，就使它看起来更像一个标签，并且不能明显地提示用户它是一个可编辑的文本框。再比如，各控件之间一致的间隔以及垂直与水平方向元素的对齐使得界面更加整齐。

模 块 小 结

界面设计是开发应用程序中非常重要的任务，也是程序设计者追求的一个目标。菜单是组成用户界面上最重要的元素，本模块详细介绍了如何利用不同类型的菜单设计出简洁、易用、友好的用户界面，并通过几个简单而实用的任务，详述了设计用户界面的基本方法和技术。

实 战 强 化

1）在本模块任务 3 的登录界面上增加教师用户，将原来的两级用户管理改为三级用户管理，即管理员、教师和学生，如图 10-21 所示，并编写相应的代码。

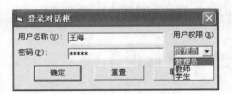

图 10-21　三种类型窗体的图标形态

2）进一步完善学生信息管理系统，完成如下功能。

① 在"学生选课"菜单中增设一些限定条件，控制某些学生只能选择按照限定条件选修某些课程。

② 在"数据统计"菜单中设置一些图表信息，用于分析和统计学生的成绩、课程和选课等信息。

模块 11　编译工程与创建安装包

Visual Basic 特点

　　为了提高应用程序的执行效率，Visual Basic 编写的应用程序可以编译为可执行文件。如果要将该应用程序安装到其他计算机上，则可以使用 Visual Basic 将一个应用程序的相关文件集中起来，并创建一个 Setup.exe 的安装包。

工作领域

　　在创建好 Visual Basic 应用程序后，开发人员会希望该应用程序能够脱离编程环境使用或者发布给他人使用，因此，应将具有源代码的程序编译成能独立运行的可执行文件。然后可以通过打包将应用程序发布给他人。发布的途径可以是硬盘、光盘、互联网等。

技能目标

　　通过本模块内容学习和实践，能够掌握使用 Visual Basic 进行应用程序编译和打包的方法，了解打包过程中的常见问题。

任务 1　编译"学生信息管理系统"

　　在将 Visual Basic 应用程序编译成 EXE 文件时，设置应用程序的版本号、图标、版本信息（产品名称、公司名称等）等信息。

任务情境

　　本任务是将"学生信息管理系统"程序编译成 EXE 程序，如图 11-1 和图 11-2 所示。编译应用程序的主要目的如下。

　　1）提高应用程序的执行效率，既可以脱离 Visual Basic 的编程环境运行，又能够提高应用程序的运行速度。

　　2）为打包发布应用程序作准备，打包应用程序必须将其编译后才能进行。

　　3）EXE 文件形式的应用程序更安全，用户看不到工程文件，不会对源代码进行无意或恶意的改动。

图 11-1 编译好的 EXE 文件

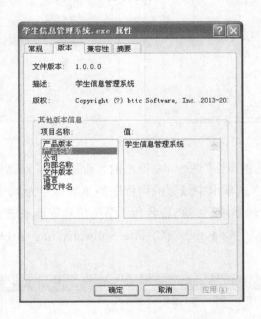

图 11-2 生成 EXE 文件的版本信息

任务分析

对应用程序进行全面的测试，在排除了所有可能的错误和异常后，就可以对应用程序进行编译了。

首先需要设置工程属性，这项工作主要在"工程属性"对话框的"生成"选项卡中完成。需要设置应用程序的版本号、图标、版本信息（产品名称、公司名称等）和命令行参数等。

在设置了工程属性后就可以执行"文件"→"生成……"→"EXE"命令，生成 EXE 文件。

任务实施

编译"学生信息管理系统"应用程序，设定该程序的版本号为 1.0.0，标题为"学生信息管理系统"，其可执行文件的文件夹路径为"D:\ 学生信息管理系统 \"，可执行文件名为"xsxxgl.exe"。

1）打开工程。在编译前，执行"工程"→"工程属性"命令，打开"工程属性"对话框，如图 11-3 所示。

选择"编译"选项卡，设置一些编译选项，如图 11-4 所示。通常选择默认的设置，即编译为本地代码，代码速度优化。

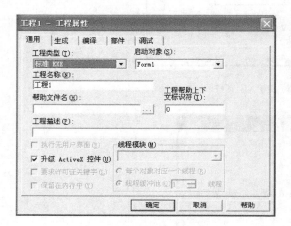

图 11-3 "工程属性"对话框　　　　　图 11-4 "工程属性"对话框的"编译"选项卡

2）执行"工程"→"工程属性"命令，在弹出的"工程属性"对话框中选择"生成"选项卡，如图 11-5 所示。在"生成"选项卡中设置应用程序的主版本号为 1、次版本号为 0、修正为 0；标题设置为"学生信息管理系统"；产品名为"学生信息管理系统"；公司名为"Company bttc Software"；合法版权为"Copyright (C) bttc Software, Inc. 2013-2018"，文件描述为"学生信息管理系统"。

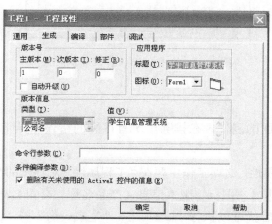

图 11-5 "工程属性"对话框的"生成"选项卡

3）执行"文件"→"生成……"→"EXE"命令，弹出"生成工程"对话框。在对话框中选择编译程序存放的文件夹路径为"D:\学生信息管理系统"；程序名为"学生信息管理系统 .EXE"后，单击"确定"按钮，如图 11-6 所示。

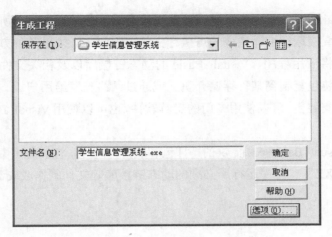

图 11-6　"生成工程"对话框

4）打开"D:\ 学生信息管理系统"文件夹，双击文件"学生信息管理系统 .EXE"即可运行应用程序，而不需要打开 Visual Basic 集成开发环境。

知识提炼

"生成"选项卡各选项说明

1）"版本号"为工程创建版本号。取值范围是 0 ～ 9999。"版本号"分为"主版本""次版本"和"修正"3 项。

如果选择"自动升级"，则通过每次运行工程的"生成工程"命令自动升级修订号。

2）"应用程序"为工程标识名称和图标。

3）"版本信息" 提供关于工程当前版本的特殊信息。

"类型"可以用来设置某个值的信息。可以输入的信息包括公司名称、文件描述、合法版权、合法商标、产品名称和说明等。

"值"在"类型"框中选定信息"类型"的值。

编译应用程序的注意事项：编译 Visual Basic 应用程序是将创建的 Visual Basic 应用程序包括它的工程文件合并成一个可执行的 EXE 文件。合并的文件只包括 Visual Basic 集成开发环境生成的文件，不包括用户自己创建的文件。如果系统中还有外部文件，例如，文本文件和图形图像文件等，则在发布时需要将这些文件和预编译的 EXE 文件一起发布。

任务 2　创建"学生信息管理系统"应用程序安装包

将本模块任务 1 中生成的"学生信息管理系统"应用程序以压缩文件的形式打包，用户就可以通过安装程序将该系统安装到自己的计算机上使用。

任务情境

在不具备 Visual Basic 集成开发环境或系统没有装载应用程序运行所必须的动态链接库的计算机中，不能直接运行编译生成的可执行文件。因此，必须以某种方式发布应用程序。应用程序的发布是将应用程序、Visual Basic 的动态链接库以及相关文件压缩成安装包，然后将应用程序的安装包复制到某种存储介质上或通过网络分发给用户。

制作应用程序安装包，可以使用专门的工具软件，也可以使用 Visual Basic 6.0 提供的"打包和展开"向导。

本任务使用 Visual Basic 6.0 提供的"打包和展开"向导，将任务 1 中的可执行程序"学生信息管理系统 .EXE"、程序运行所必须的动态链接库等文件制作成安装包。

任务分析

使用 Visual Basic 6.0 提供的"打包和展开"向导，可以容易地创建应用程序的安装程序。实际上，"打包和展开"向导是一个帮助性的程序，该程序引导程序员完成为 Visual Basic 应用程序创建专业安装程序的过程。在多数情况下，用向导为应用程序创建安装程序是最佳的方法。

安装包括 3 部分内容：一是由 Visual Basic 集成开发环境产生的文件，包括工程文件、窗体文件、各种模块等，这在编译可执行程序时，已合并成一个可执行程序 EXE 文件；二是程序运行所必须的动态链接库，"打包和展开"向导会根据应用程序的类型自动添加，一般不需要用户操作；三是用户的数据文件、资源文件等，这需要用户进行添加。

注意：使用"打包和展开"向导制作安装包的过程中，添加用户的数据文件、资源文件时，向导不支持添加文件夹。如果需要添加文件夹，则需要首先使用"打包和展开"向导制作安装包，此时不包括文件夹中的文件，然后使用 WinRAR 压缩软件将安装包和文件夹一起制作成自解压文件，这样就可以解决向导无法添加文件夹的难题。

任务实施

1）打开本模块任务 1 的工程文件。注意：当前打开的工程就是要打包和展开的工程。

2）在 Visual Basic 6.0 的开发环境中，先用"外接程序管理器"将外接程序"打包和展开向导"选项添加到"外接程序"菜单中。

从 Visual Basic 的"外接程序"菜单下选择"外接程序管理器"选项，打开"外接程序管理器"对话框，从可用外接程序列表框中选择"打包和展开向导"项，并选中"加载/卸载"选项，如图 11-7 所示。图 11-8 是加载"打包和展开向导"程序前后，"外接程序"菜单的变化情况。

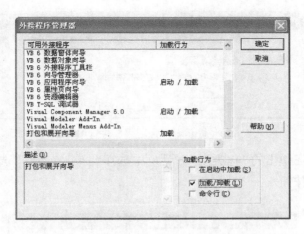

图 11-7 "外接程序管理器"对话框

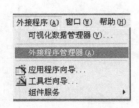 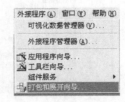

图 11-8 "外接程序"菜单的变化情况

3）执行"外接程序"→"打包和展开向导"命令，启动"打包和展开"向导后，打开"打包和展开向导"对话框。对话框窗口包括"打包""展开"和"管理脚本"3 个按钮，如图 11-9 所示。

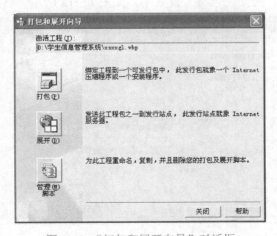

图 11-9 "打包和展开向导"对话框

单击"打包"按钮，弹出对话框，提示用户是否重新进行编译工程，如图 11-10 所示。用户可以选择使用已编译好的 EXE 文件，也可以重新编译。这里单击"是"按钮。

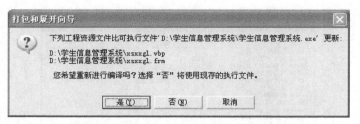

图 11-10　提示用户是否重新进行编译工程

4）选择包类型。在弹出的"包类型"对话框中选择"标准安装包"选项，如图 11-11 所示。然后单击"下一步"按钮。

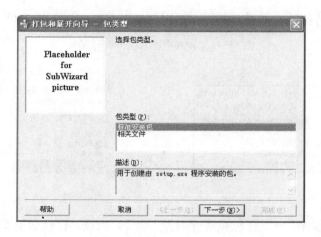

图 11-11　选择"标准安装包"

5）创建安装包文件夹。在弹出的"打包文件夹"对话框中创建安装包文件夹或选择一个已有的文件夹，完成后的安装包将放置其中，如图 11-12 所示。然后单击"下一步"按钮。

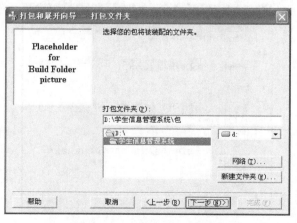

图 11-12　创建安装包文件夹

6）包含文件。在弹出的"包含文件"对话框中已经将 EXE 文件和 DLL 文件包含在内，如图 11-13 所示。

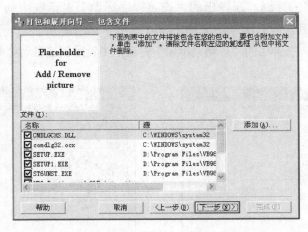

图 11-13　"包含文件"对话框中的默认文件

　　如果系统中还有外部文件，例如，文本文件和图形图像文件等，则需要单击"添加"按钮添加相关文件，如图 11-14 所示。然后单击"下一步"按钮。

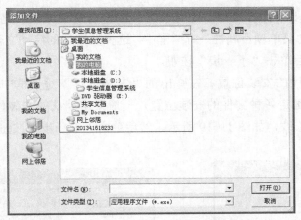

图 11-14　"添加"文件对话框

　　7）压缩文件选项。在弹出的"压缩文件选项"对话框中选中"单个的压缩文件"单选按钮，如图 11-15 所示。然后单击"下一步"按钮。

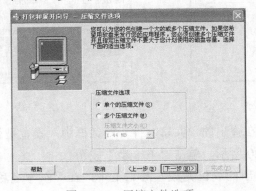

图 11-15　压缩文件选项

8）设置安装程序的标题。在弹出的"安装程序标题"对话框中的"安装程序标题"文本框中输入"学生信息管理系统"，如图 11-16 所示。然后单击"下一步"按钮。

9）创建启动菜单。在弹出的"启动菜单项"对话框中设置创建启动菜单，如图 11-17 所示。

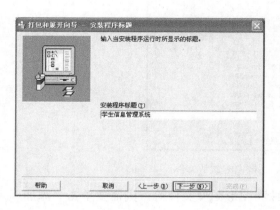

图 11-16　设置安装程序标题

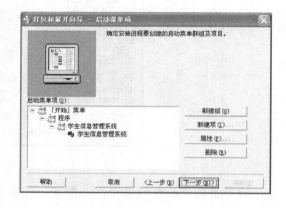

图 11-17　创建启动菜单项

如果安装包中有多个执行文件，则可以额外创建启动菜单项和名称。单击"新建项"按钮，在弹出的"启动菜单项目属性"对话框中，选择要增加的启动文件和填写启动项名称，如图 11-18 所示。然后单击"下一步"按钮。

10）选择应用程序的安装位置。在弹出的"安装位置"对话框中，通过"安装位置"列表的"宏"定义，确定各种文件的安装位置，一般采用默认的安装位置，即"C:\Program Files"，安装时可以修改，如图 11-19 所示。然后单击"下一步"按钮。

图 11-18　"启动菜单项目属性"对话框

图 11-19　选择安装位置

11）确定共享文件。在弹出的"共享文件"对话框中，设置是否共享，本任务的文件不属于共享文件，如图 11-20 所示。单击"下一步"按钮。

12）完成打包。在弹出的"已完成"对话框中，在"脚本名称"文本框中输入"学生信息管理系统"，如图 11-21 所示。单击"完成"按钮。

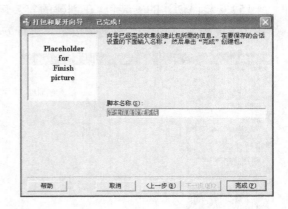

图 11-20 "共享文件"对话框　　　　　　　　图 11-21 "已完成"对话框

13）生成报告文件。在单击"完成"按钮后，进行安装包的生成，生成结束后弹出"打包报告"对话框，表示打包成功，如图 11-22 所示。在"打包报告"中会显示生成的目录，如本例的打包位置（D:\ 学生信息管理系统 \ 包 \Support\ 学生信息管理系统 .BAT）。

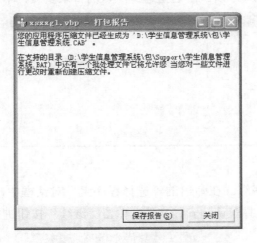

图 11-22 "打包报告"对话框

14）创建安装包文件夹。在创建的安装包文件夹中，有两个文件，即 setup.exe 和 SETUP.LST；一个压缩包，即学生信息管理系统 .CAB；还有一个文件夹，即 Support，里面有创建安装包所需的文件，创建好安装包后可以删除该文件夹，如图 11-23 所示。

用"记事本"应用程序打开"SETUP.LST"文件，在该文件的"[Setup]"一节中，将默认的安装路径设置为"DefaultDir=$(ProgramFiles)\ 学生信息管理系统"，如下面代码所示。

```
[Setup]
Title= 学生信息管理系统
DefaultDir=$(ProgramFiles)\ 学生信息管理系统
AppExe= 学生信息管理系统 .exe
AppToUninstall= 学生信息管理系统 .exe
```

15）安装已创建的安装包。在创建的安装包文件夹中，双击 setup.exe 文件，出现安装界面，如图 11-24 所示。单击"确定"按钮，进行安装。

图 11-23　创建的安装包文件夹

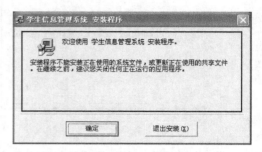

图 11-24　"安装程序"对话框

16）安装目录选择。在弹出的"安装程序"对话框中，单击"更改目录"按钮，选择安装文件的目录，如图 11-25 所示。这里选择默认的目录安装，单击安装图标进行安装。

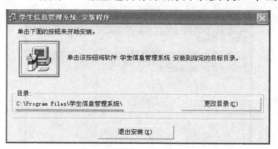

图 11-25　安装目录选择

17）选择安装的程序组。在弹出的"选择程序组"对话框中，选择相应的安装文件，如图 11-26 所示。这里选择默认的安装文件，单击"继续"按钮进行安装。

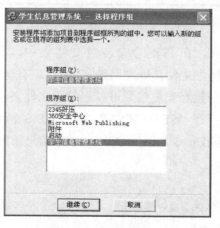

图 11-26　"选择程序组"对话框

18）安装成功。安装成功后，会弹出"安装成功"对话框，表示程序的安装完成了，如图 11-27 所示。

图 11-27　"安装成功"对话框

19）程序运行。程序安装成功后，会在"开始"菜单的"所有程序"菜单项中出现安装的"学生信息管理系统"程序。选择"学生信息管理系统"命令，即可运行安装的程序，如图 11-28 所示。

图 11-28　运行安装程序

知识提炼

1）创建一个自定义安装程序的第一步就是决定哪些文件要发布。所有的 Visual Basic 应用程序都需要一个最小的文件集合，称之为引导文件，即在安装应用程序之前所需的文件。此外，所有的 Visual Basic 应用程序都需要应用程序特有的文件，例如，可执行文件 (.exe)、数据文件、ActiveX 控件或 DLL 文件。

在运行和发布应用程序时，需要 3 种主要的文件类型。

① 运行时文件。运行时文件是应用程序为在安装后能正确运行而必备的文件。这些文件是所有的 Visual Basic 应用程序都需要的。下面是 Visual Basic 工程所用的运行时文件：

```
Msvbvm60.dll
Stdole2.tlb
Oleaut32.dll
```

```
Olepro32.dll
Comcat.dll
Asycfilt.dll
Ctl3d32.dll
```

② 安装文件（标准软件包）。安装文件是在用户计算机上安装标准应用程序所需的所有文件。这些文件包括安装可执行程序（setup.exe）、安装文件列表（Setup.lst）以及一个压缩包（.CAB）文件。

③ 应用程序特有的文件。要运行应用程序，最终用户除了一般的运行时文件和特殊的安装文件之外，可能还需要某些文件。如可执行程序、数据文件以及 ActiveX 控件。打包和展开向导的任务之一就是确定这种必需的文件的完整列表。

2）启动"打包和展开"向导的方法有两种，除了前面介绍的"外接程序"外，还可以执行"开始"→"程序"→"Visual Basic 6.0"→"Package & Deployment 向导"命令，运行"打包和展开向导"。

3）使用"打包和展开"向导制作安装包，不能压缩文件夹，需要 WinRAR 压缩软件配合制作自解压安装包。

4）选择应用程序的安装位置时，$(AppPath) 的子目录是应用程序文件的典型安装目标目录，因为这样可以允许用户改变安装地点。$(ProgramFiles) 应用程序通常安装到的目录为"C:\Program Files"，不允许用户改变安装目录。$(WinSysPath) 为 Windows 系统目录。

5）共享文件是在用户计算机上可以被其他应用程序使用的文件。当最终用户卸载应用程序时，如果计算机上还仍然有其他应用程序在使用该文件，则此文件不会被删除。

日积月累　在"启动菜单"添加"卸载"命令

创建安装包的过程中，在弹出的"启动菜单项"对话框中（见图 11-17），单击"新建项"按钮。在弹出的"启动菜单项目属性"对话框中，在"名称"文本框中输入"卸载程序"，在"目标"栏中输入 $(WinPath)\st6unst.exe -n "$(AppPath)\ST6UNST.LOG"，在"开始"下拉列表中选择 $(WinPath)，如图 11-29 所示。然后单击"确定"按钮。

图 11-29　添加卸载菜单项

程序安装成功后，会在"开始"菜单的"所有程序"菜单项中出现安装的"卸载程序"菜单项，如图 11-30 所示。选择"卸载程序"命令，即可卸载安装的程序。

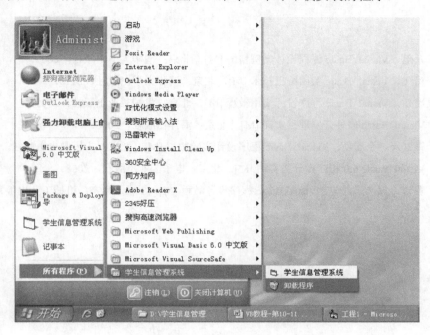

图 11-30　卸载程序的运行

模 块 小 结

本模块主要介绍了当应用程序设计完成后，对应用程序的编译、执行和发布的操作过程，经过两个任务的完成过程分解介绍，可以将一个设计好的应用程序编译成可执行文件并执行打包，最终获得一个压缩包，用户可通过下载和安装该压缩包安装此应用程序到自己的计算机上使用。

实 战 强 化

1）将本模块中的任意一个任务的应用程序编译成 EXE 程序。

2）Visual Basic 中除了自带的"打包与展开向导"外，还可以从互联网上找到 Wise Installer、Installation Wizard、CreateInstall 等安装程序制作软件。请使用任意一款安装程序制作软件制作"学生信息管理系统"安装包。

参 考 文 献

[1] 白晓勇，余健. Visual Basic 课程设计案例精编 [M]. 北京：清华大学出版社，2007.

[2] 徐天伟，肖飞. Visual Basic 实用编程技术 [M]. 北京：清华大学出版社，2010.

[3] 闵敏，吴凌娇. Visual Basic 程序设计实用教程 [M]. 北京：机械工业出版社，2005.

[4] 范晓平. Visual Basic 软件开发项目实训 [M]. 北京：海洋出版社，2006.

[5] 刘海沙，银红霞，余连新. Visual Basic 程序设计实验教程 [M]. 北京：人民邮电出版社，2007.

[6] 邹丽明. Visual Basic 6.0 程序设计与实训 [M]. 北京：电子工业出版社，2008.

[7] 邱李华，曹青，郭志强，等. Visual Basic 程序设计教程 [M]. 3 版. 北京：机械工业出版社，2011.